ZUI XINXIAN DE BAIKE ZHISHI
最新鲜的百科知识

QIANSUOWEIYOU DE
XIANGXIANGLI JIFA FANGSHI
前所未有的想象力激发方式

ZUI KUXUAN DE TANMI XINXI
最酷炫的探秘信息

酷科普·发现从这里开始

FAXIAN CONG ZHELI KAISHI

KUKEPU

Shenqi De Dianbo

神奇的电波

刘怀景 编著

中国出版集团
现代出版社

图书在版编目（CIP）数据

神奇的电波 / 刘怀景编著．— 北京：现代出版社，2012. 9（2024.1）
（酷科普·发现从这里开始）
ISBN 978 - 7 - 5143 - 0701 - 6

Ⅰ．①神… Ⅱ．①刘… Ⅲ．①电学 - 青年读物②电学 - 少年读物 Ⅳ．①O441. 1 - 49

中国版本图书馆 CIP 数据核字（2012）第 170353 号

神奇的电波

编　　著	刘怀景
责任编辑	吕志贵
出版发行	现代出版社
地　　址	北京市安定门外安华里 504 号
邮政编码	100011
电　　话	010 - 64267325　010 - 64245264（兼传真）
网　　址	www. 1980xd. com
电子信箱	xiandai@ vip. sina. com
印　　刷	三河市人民印务有限公司
开　　本	710mm × 1000mm　1/16
印　　张	14. 5
版　　次	2012 年 10 月第 1 版　2024 年 1 月第 9 次印刷
书　　号	ISBN 978 - 7 - 5143 - 0701 - 6
定　　价	59. 80 元

前言 PREFACE

神奇的电波

不知不觉，我们已经步入了一个全新的高科技时代。多功能电话、手机、电脑等高科技的电子产品，跳动着时代的脉搏，这些不仅是现代科技的产物，更是一个时代发展和社会进步历程的生动见证。可以说它们的出现，不仅使我们的生产、生活变得更加便利，也使得医学、军事科技有着突飞猛进的发展。

可是，青少年朋友们对于这些高科技的电子产品，内心一定充满了许多的疑惑，为什么两个相聚千里之遥的人就能通过电话、手机或者电脑完成通话呢？现在医学的 X 光透视机怎么就能透过我们的身体呢？它们到底和什么有着密切的关系呢？

其实，这些都和一种我们看不见、摸不着的“神奇力量”有关——电波！

这就更奇怪了，既然是看不见、摸不着，它到底是怎样的？它怎么会就有这么大的力量呢？那就让我们一起踏上追寻电波足迹的旅程吧！

首先我们会走进“隐秘的电波世界”来认识一下无线电波的概念，到底是谁发现了电波？波的类别和波的特征都是什么样？什么是波长、频率和周期有什么关系，什么是射电？在这一章中我们就能大概了解到相关的基本知识。

在第二章中，从莫尔斯发明电报的历程，到贝尔发明电话、法拉第的“电生磁和磁生电”的理论形成，再到“无线电之父”马可尼发现无线电、伦琴发现 X 射线、李赫曼为电的世界做出的伟大贡献，我们了解到了电波探索的历程，也从历史的角度认识了电波。还有一些有趣的小实验，让我们更深刻地了解电波形成的原因。

既然了解了电波的形成，那么电波都是由哪些组成的呢？在“电波的家族成员”我们就为大家介绍了电波的“家族成员”。从无线电波到微波、红外线、可见光、紫外线，再讲X射线和伽马射线以及宇宙射线。

在“自然中的电波”中我们会了解到地球本身的自然电磁波、海洋深处的电波以及惊人的雷电和神秘的地球电离层。

“在生活中的电波”中我们会了解到生活中的电波是无处不在的，我们用无线电通信传话、传真，收听无线电广播，家庭中我们利用无线电去收看电视、利用微波炉做饭等都存在着电波。

我们身体里面有电波吗？有！那就是脑电波！我们在“人体中的神秘电波”中介绍了脑电波。脑电波是怎么回事？神奇的“场”——意识现象更是让我们神秘莫测，潜意识到底和什么有关系？在脑电波时代的到来，我们也揭开脑电波的秘密！

在“电波与现代科技”中了解到电波运用到现代的科技中，更是起到无可替代的作用。电子计算机、红外线眼镜、人造通信卫星等都是最有力的证明。军事和医疗中更是少不了电波的帮助。二战期间英、德间电波之争开创“导航战”先河，GPS在军事上大显身手，X光透视机和高频电波刀在医学上大放光彩。

最后，让我们来讲讲关于电波的危害以及预防了。电波是把“双刃剑”，在给我们带来便利的同时也会带来危害。电磁波污染存在于我们的生活、生产中，对于人体的影响以及危害也不可小觑。该如何防护电磁波辐射？怎样预防手机和电脑的辐射？在“幽灵电波”的危害与预防中我们都会为大家详细讲解。

感谢青少年朋友们能够与电波结缘，希望你们为本书提出宝贵的意见与鼓励，也希望这本书能够为大家带来无穷的乐趣！

目录

CONTENTS

神奇的电波

SHENQI DE DIANBO

隐秘的电波世界

电波的实验与发现

电波的家族成员

自然中的电波

“幽灵电波”的危害与预防

隐秘的电波世界

SHENQI DE DIANBO

1864 年，英国科学家麦克斯韦建立了完整的电磁波理论。1887 年，赫兹用实验证实了电磁波的存在。前后共用了 20 年的时间发现了电波。后来，人们又发现了不同形式的电磁波，包括无线电波、红外线、可见光、紫外线、X 射线及 γ 射线等。

电波是不能被人类肉眼观察到的磁波，所以人们一度认为其很神秘。但是随着科学技术的发展，人们通过一些手段逐渐发现了各种形式的电波，并把它们应用到生产、医疗和美容等领域。

此外，过量接受电波的辐射，还可能对身体有害，所以人们应该善用这把“双刃剑”。

生活在电波的海洋里

正好像人们生活在空气之中，眼睛却看不到空气一样，电波围绕在我们的四周，我们也并不觉察电波的存在。

不是吗？不论你走到哪里，一拧开半导体收音机，准能听到广播。可是，这些优美的乐曲和动听的声音是怎样传递过来的呢？为什么不用收音机就听不到它们，一开收音机就立刻播放出声音来了呢？要说是无线电波给你带来了电台里的乐曲和歌声吧，那么，为什么你的身体却感受不到电波的震动和穿过。

譬如说，舞台上精湛的表演，运动场上紧张的比赛，甚至课堂里的教学活动，只要一拧开电视接收机，你都能在荧光屏前看得清清楚楚。这些图像是怎样传递过来的？为什么它们不怕门、窗、四壁的阻拦，而且还能同时出现在许多不同的地方？

让我们再来看一看港口和机场吧。在那里，万吨轮昼夜不停地进进出出，矫健的银燕时时刻刻起飞和降落。不论是大雾弥漫，还是黑夜沉沉，海上、地面、天空，始终是一个协调的整体。这就不免使人发问，陆地上的值勤人员，为什么能知道船舶和飞机的所在？船舶和飞机靠什么把准自己的航向？要说是无线电在紧紧跟踪和引导嘛，那么，它又是怎样出色地完成“侦察兵”和“向导员”的任务的？

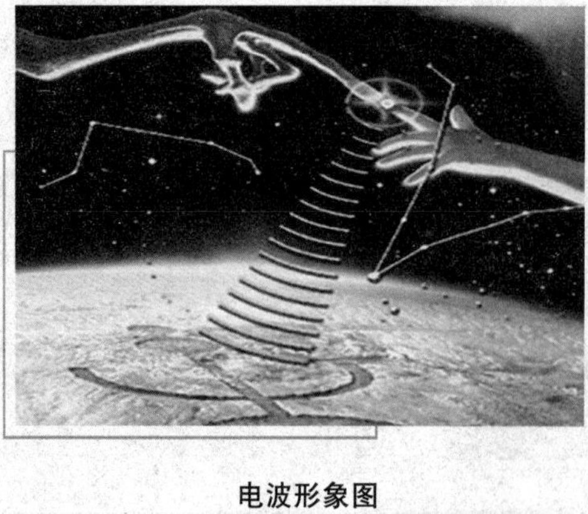

电波形象图

随着科学技术的发展，人类的活动范围，已经不再满足于地表、海洋和天空，而深入到了漫无边际的星际空间。不久前，人们用强大的火箭，把两只探测器送到了8000万千米外的火星上，去探测火星的奥秘。几年前，两只轨道飞行器被送到金星云层的上空，去调查金星大气层的情况；

还放出了“汽车”穿过金星的大气，在那里拍照、取样，进行科学考察，最后降落到了金星的表面上。最近，一艘宇宙飞船经历了30亿千米的路程，连续飞行六年半，第一次完成了人类对土星的探测。可是你知道吗？这么远距离的操纵是怎样实现的？为什么无线电能帮助我们感知几百、几千乃至几亿千米外的事物？

一系列的问题，数不清的疑团，都要求我们去回答、去揭开。

在今天，无线电和我们的关系实在太密切了，无论是日常生活或者生产领域，哪儿能不用到无线电呢？

现在人们已经知道，一切生命现象都是跟电现象分不开的。凡是有生命的细胞，都会产生很微弱的电流。大脑指挥四肢、器官的命令，也是通过神经系统以电的形式下达的。生物电在人体内部的流动，会发射出微弱的无线电波。人们在仔细地比较了人体的各个部位发出的电波的强弱以后，发现呼吸时胸肌的“广播”是断断续续的最强烈的电波，不是发生在别的地方，而是在尖尖细细的小指上。

不仅是人，就是植物也会产生这种奇妙的电波。蚕豆根部附近的电波，已经被精确地收集到了，即使像含羞草、向日葵这类并不罕见的东西，也都有类似的现象。甚至，浸在培养液里的一根小豆苗，竟也在永不停歇地发射着电信号

趣味点击　**电波拉皮**

电波拉皮是改进皮肤变松弛的一种外科方式，由于年龄老化现象持续进行，人的皮肤和肌肉开始失去弹性，整容不能停止变老的过程，但它能透过加强架构绷紧重新拉动皮肤，移走特定地区脂肪。

电波拉皮是一种安全性高、不会造成伤口的治疗方式，已获医学临床证实能紧致与年轻化皮肤。它独特的深层加热技术能刺激皮肤再生新的胶原蛋白，让皮肤更健康、肤质更好和改善脸型轮廓。它是非侵入式的，不会造成任何伤口，不用动刀或打针。只需一次治疗，就可以紧致您原有的胶原蛋白并且刺激生成新的胶原蛋白。治疗后能立即可以看到效果，接下来的6个月里每天持续紧致您的皮肤。一次治疗可以维持好几年。

哩！看来等完全搞清楚了生命与电的关系之后，我们不但可能找到最有效的防治疾病的方法，而且还可能进一步听懂植物生长、发育、再生、愈伤的“语言”，要稻子生产出更多的谷粒，使棉株结出更多的棉铃来。

当然，生物体发出来的电信号，只不过是广阔的电波世界里的一角。在自然界里，各式各样的电波来源实在太多了。像天空中的太阳和星星，它们一刻不停地向地面发射着电波，埋在地底里的许多矿藏，也长年累月地用无线电在向我们呼喊，甚至在波涛汹涌的大海里，也不时地在向我们传来无线电的信号。

更不用说一拧开收音机，就能听到声音，一打开电视机，就能看到图像，就是在跨越田野的高压电线附近，在旋转的大型电动机旁边，也都能找到电波的踪影。我们就这样地生活在电波的海洋里。

浅谈波的概念

在丰富多彩的自然界中，除了电波以外，还有水波、光波、声波、地震波……这些波有的看不到，有的听不见，有的摸不着，但是有许多共同的特点。因此，我们在认识电波之前，首先来了解波。

知识小链接

达·芬奇

列奥纳多·达·芬奇，意大利文艺复兴三杰之一，也是整个欧洲文艺复兴时期最完美的代表。他是一位思想深邃，学识渊博、多才多艺的画家、寓言家、雕塑家、发明家、哲学家、音乐家、医学家、生物学家、地理学家、建筑工程师和军事工程师。他是一位天才，他一面热心于艺术创作和理论研究，研究如何用线条与立体造型去表现形体的各种问题；另一方面他也同时研究自然科学，为了真实感人的艺术形象，他广泛地研究与绘画有关的光学、数学、地质学、生物学等多种学科。他的艺术实践和科学探索精神对后代产生了重大而深远的影响。

波是一种很平常的物理现象。有些波是可以看见的，我们都看见过。在随便哪一个湖泊水塘里，你都可以看到波的现象：一阵风吹过水面，水面上立刻会掀起一层一层波浪，顺着风向前进。仔细研究起来，这种常见的水波，包含着非常丰富的学问。

从很古的时候起，人类就注意观察水波了。15 世纪，意大利的著名画家、雕刻家、建筑师达·芬奇，在观察了水波以后，做过这样的描写：“波动的传播要比水快得多，因为常常有这样的情况：波已经离开它产生的地方，水却没有动。这很像风在田野里掀起的麦浪。我们看到，麦浪滚滚地在田野里奔逐，但是麦子仍旧留在原来的地方。”

水 波

水波滚滚向前，水却原地不动，这个结论似乎太奇怪了，但是这是正确的。你要是不相信，可以做一个简单的实验：把一个软木塞扔到水塘里，等水面平静了，再扔一块小石子。你会看到水面上掀起一圈套一圈的波纹，一凸一凹，向外扩散，越传越远。可是，水面上的软木塞仍旧在原来的地方，随着水波上下起伏，并没有跟着水波漂到远处去。这就是说，传播开去的是波，不是水。水里起波，而波又不是水，那么，波究竟是什么？

用物理学的术语来说，波是物质运动的一种形式，是振动和能量的传播。小石子落在水里，水面上掀起了水波，软木塞为什么会随着水上下振动呢？这是因为，小石子落下的能量，由水波传到了软木塞上。软木塞为什么只是在原地振动，而不向水波运动的方向移动呢？这是因为小石子的能量是由水的微粒一个挨一个地传递的，微粒本身只做振动。这种传递能量的方式就叫波动，简称波。

物理大发现：赫兹发现电磁波

1893年12月7日，德国波恩大学教授、著名的物理学家赫兹抱病坚持上完一生中的最后一堂课。第二年的元旦这天，便英年早逝了，年仅36岁！

赫兹的一生虽然短暂，但他发现电磁波的杰出贡献，却一直为后世传诵。

1887年，赫兹首先发现并验证了电磁波的存在。当时，年仅30岁。赫兹的重大发现，不但为无线电通信创造了条件，并且从电磁波的传播规律，确定电磁波和光波一样，具有反射、折射和偏振等性质，验证了麦克斯韦关于光是一种电磁波的理论推测。19世纪60年代，麦克斯韦提出电磁场的理论，并从理论上推测到电磁波的存在，可惜他也是英年早逝，只活了48岁，未能用实验来证明自己推测的正确性。当时，没有人能理解麦克斯韦的学说，因此，他的功绩生前并未得到重视，直到他死后近10年，赫兹发现并证明了电磁波存在后，人们才意识到麦克斯韦理论的重要性。

如果把电磁理论的建立比作一座宏伟的大厦，那么，为这座大厦奠定了坚实地基的是法拉第；在坚实的地基上建成这座大厦的是麦克斯韦；为这座雄伟的大厦进行内部装修，使它能够最后被人们广泛使用的是赫兹。人们为了纪念这位年轻的科学家为人类做出的不朽功勋，用他的名字来命名物理学和数学的一些概念，如“赫兹波”、“赫兹矢量”、“赫兹函数”等，并采用“赫兹”作为频率的单位。

赫 兹

1857年2月22日，亨利希·赫兹生于德国汉堡一个富裕的市民家庭里。他的父亲是个律师，后来当选为参议员。赫兹小时候先在私立学校读书，后来才转进市立学校学习。1875年毕业于约翰奈斯中学。赫兹在少年时代就显示了自己非凡的聪明才智，以及出众的实验才能。由于他超群的天资和刻苦钻研，在校时各门功课均名列前茅，不仅数学、自然科学、英语、法语等必修课，就连阿拉伯语等选修课成绩也很突出，以至他的老师建议他去学东方学。老师给他的毕业评语是："这位中学毕业生具有敏锐的逻辑，可靠的记忆和叙述问题的灵巧。缺点是讲话有些单调。"

基本小知识

学 位

学位，是标志被授予者的受教育程度和学术水平达到规定标准的学术称号。经在高等学校或科学研究部门学习和研究，考试合格后，由有关部门授予国家和社会承认的专业知识学习资历。专业技术人员拥有何种学位，表明他具有何种学术水平或专业知识学习资历，象征着一定的身份。学位最早起源于欧洲中世纪。

赫兹少年时期就非常喜爱动手做实验，开始进行一些简单的自然科学实验，特别喜欢做力学和光学实验。为了提高自己的动手能力，他便利用课余时间去向一位细木工学习手艺，还去向车工师傅学习车工技术，练就了一双灵巧的手。星期天，赫兹从来不休息，他在学校里学习制图。有趣的是，后来当他的车工师傅得知赫兹当了物理学教授的消息时，曾带着惋惜的口吻赞叹道："唉！真可惜！赫兹本该是一个多么出色的车工啊！"

中学毕业后，赫兹认为自己将来适合当一名建筑工程师。于是，1876 年春，赫兹考入了德累斯顿高等技术学校，学习工程学。这年秋天，赫兹应征入伍，在柏林铁道兵团服兵役一年。第二年秋天服役结束后，赫兹进入慕尼黑大学，继续学习工程学。在这里，他有机会聆听了著名物理学家菲力浦·冯·约里的物理课和数学课。菲力浦·冯·约里曾是诺贝尔物理学奖获得者普朗克的老师，他深入浅出的讲授，深深吸引着他的学生们，也挑动了赫兹的好奇心，使赫兹对物理学和自然科学产生了极大的兴趣。

赫兹征得父亲同意后，弃工从理，专门攻读物理学和数学，拜约里为师。在导师的指导下，赫兹认真刻苦地钻研法国著名数学家、物理学家、天文学家拉格朗日、拉普拉斯、泊松等人的经典著作和科学史，特别仔细地阅读了拉格朗日的《分析力学》、《解析函数论》，拉普拉斯的《概率论的解析理论》以及泊松的《热的数学理论》等数学专著，为自己今后的科学发现奠定了坚实的理论基础。

当时，著名的数学家和物理学家亥姆霍兹和基尔霍夫都在柏林大学授课，为了能够听到这两位著名教授的课，赫兹申请转入柏林大学学习。从此，成为亥姆霍兹和基尔霍夫的得意门生。亥姆霍兹是能量守恒和转换定律的奠基人之一，他以科学家特有的敏锐眼光很快就发现了这位年轻好学的大学生的卓绝才能，并决定从各方面培养赫兹。亥姆霍兹说："还在他进行基本的实际操作时，我就感到自己有责任培养这位天赋非凡的学生。"在导师的指引和帮助下，加上赫兹本身的顽强拼搏，努力探索，终于也成长为一名著名的物理学家，最早发现了电磁波。因此，赫兹终生都对自己的导师怀着深切的感激之情。

1879 年暑假前，亥姆霍兹为柏林大学哲学系学生出了一道物理竞赛题，这个题目要求用实验来证明：沿导线运动的电荷是否具有惯性。赫兹兴致勃勃地参加了比赛，取得了最好的成绩。柏林大学校长爱德华·策勒尔亲自授予赫兹一枚金质奖章，这是赫兹一生中获得的第一枚奖章。

1880 年 3 月 15 日，赫兹在亥姆霍兹指导下，以《旋转球体中的感应》的论文，取得了优异成绩，获得了博士学位，留在亥姆霍兹研究所，给亥姆霍兹当了两年半助手。在这期间，赫兹潜心钻研了有关热力学、弹性理论、固体和蒸发等理论问题，并进行了大量实验，发表了近 20 篇论文。同时，他还帮助亥姆霍兹指导实习生。

亥姆霍兹

1882 年，赫兹开始研究稀薄气体中的光现象。为了使实验更加精确，赫兹亲手制作了许多实验仪器，如电功计、湿度表等，花费了大量时间，他后来写道："我几小时几小时地做的工作是：一个接一个地钻孔，弄弯白铁皮，然后再花几个小时油漆白铁皮，如此等等。"

1883 年 5 月，赫兹发表了辉光放电的论文。赫兹的研究实际上是关于阴极射线的研究，为后来伦琴射线的发现开辟了道路，并由此揭开了物质结构之谜。然而，遗憾的是赫兹生前未能看到那些由他的研究而引起的令人兴奋的重大发现。后来，赫兹接受基尔霍夫教授的建议，转到基尔大学，担任数学、物理讲师。在基尔大学任教期间，赫兹除了认真讲课外，还用了很多时间专心致志地钻研电动力学。1884 年秋，赫兹被聘为卡尔斯鲁厄高等技术学校物理学教授。他开始攻克几年前亥姆霍兹提出的柏林科学院悬赏奖的问题。

1879 年，亥姆霍兹在综合了当时电磁学的研究成果，特别是麦克斯韦电磁场理论的基础上，以“用实验建立电磁力和绝缘体介质极化的关系”为题，设置了柏林科学院悬赏奖。这个问题的关键是要用实验来证明麦克斯韦的位移电流存在的重要理论。赫兹认为麦克斯韦的理论是正确的，但是如何用实验来证实电磁波的存在呢？

他对这个难题进行了无数次实验，均未取得什么成效。然而，赫兹并没有灰心，一直思索着解决这道难题的办法。为了解决这个悬而未解的问题，赫兹除教书以外，全部时间都耗在学校实验室里。在卡尔斯鲁厄高等技术学校的物理实验室中，有一种叫黎斯螺线管的感应线圈，这种仪器有初级和次级两个线圈，它们是相互绝缘的。在实验中，赫兹发现，若给初级线圈输入脉冲电流，次级线圈的火花隙中便有电火花发生。这种现象立即引起了赫兹的注意，他敏锐地感到，这是一种与声共振现象相似的快速电磁共振过程。他想，电火花的往返跳跃表明在电极间建立了一个迅速变化的电场和磁场，因为根据尚未被实验证明的麦克斯韦的电磁理论，变化的场将以电磁波的形式向周围空间辐射。赫兹断定：次级线圈中火花隙中的电火花，是因为初级线圈电磁振荡，次级线圈受到感应的结果。

为了用实验来证实麦克斯韦高深莫测的电磁场理论，验证电磁波的确存在，赫兹精心设计了一个电磁波发生器，对“电火花实验”进行了一系列深入的研究。赫兹用两块边长 16 英寸的正方形锌板，每块锌板接上一个 12 英寸长的铜棒，铜棒的一端焊上一个金属球，将铜棒与感应圈的电极相连。通电时，如果使两根铜棒上的金属球靠近，便会看到有火花从一个球跳到另一个球。这些火花表明电流在循环不息，在金属球之间产生的这种高频电火花，即电磁波，麦克斯韦的理论认为由此电磁波便会被送到空间去。赫兹为了捕捉这些电磁波，证明它确实被送到了空间，他用一根两端带有铜球的铜丝弯成环状，当作检波器。他把这个检波器放到离电磁波发生器10米远的地方，当电磁波发生器通电后，检波器铜丝圈两端的铜球上产生了电火花。这些火花是怎样产生的呢？赫兹认为，这便是电磁波从发射器发出后，被检波器捉住了。电磁波不仅产生了，而且传播了10米远。

1887年11月5日，赫兹将他发现电磁波的研究成果总结《论在绝缘体中电过程引起的感应现象》寄给了亥姆霍兹，论文中用实验证明了麦克斯韦的电磁场理论。亥姆霍兹一口气读完了论文，非常高兴地立即写信给他的得意门生："手稿收到。好！星期四手稿交付排印。"仅过3天，赫兹就收到了老师的这封复信。谁也没有料想到，赫兹竟用如此简单的自制仪器验证了麦克斯韦如此深奥的电磁场理论，赫兹的论文出色地解答了1879年亥姆霍兹提出的悬赏难题，由此荣获柏林学院的科学奖。从此，电磁波的存在得到了确认，再也没有人怀疑了。

从此以后，赫兹便专门从事电磁波的研究，他发现，电磁波可以毫无阻碍地穿过墙壁，不过遇到大而薄的金属片便被阻挡住了。他还测定了电磁波的波长，并计算了电磁波的传播速度，发现它在真空中的传播速度和光一样快。赫兹测量电磁波传播速度的实验，选择了一个长、宽、高分别为15米、14米、6米的教室。在离波源13米处的墙面上安装了一块4（米）×2（米）的锌板。当从波源发射出的电磁波经锌板反射后，在空间便形成了驻波。赫兹先用检波器测出电磁波的波长，再根据直线振荡器的尺寸算出电磁波的频率，最后，用驻波法精确地测量了电磁波的传播速度。1888年1月，他完成了《论电动效应的传播速度》论文，并把论文寄给了老师亥姆霍兹，赫兹在论文中肯定了电磁波的传播速度等于光速，赫兹的这篇论文发表后，受到全世界科学界的瞩目。后来发现X射线的伦琴教授写信向赫兹祝贺，赞扬他的这些实验是近几年物理学中最优异的成果。

接着，赫兹又进行了电磁波的反射、折射、偏振等一系列实验，证明了电磁波与光波一样，具有反射、折射和偏振等物理性质，他撰写了《论电力射线》一文，论证了电磁波与光波的同一性。现在我们常说的无线电波、红外线、可见光、紫外线、X射线、γ射线都是电磁波。

赫兹的这些突出的成就获得了当时科学界的高度评价。他的恩师亥姆霍兹赞扬说：“光——这种如此重要的和神秘的自然力——与另一种同样神秘的或许更多地应用的力——有着最近的亲缘关系，令人信服地证实这种现象无疑是一项重大的成就。现在，人们开始懂得，那些曾设想是远距直接作用的力是如何通过一层中间介质作用于最近一层介质的途径而传播的，这一点对理论科学来说可能更加重要。”

从1888—1892年，年仅三十几岁的赫兹，相继被聘为柏林科学院、剑桥哲学学会、曼彻斯特哲学学会等重要学术团体或组织的成员，并先后受到维也纳科学院、法国科学院、英国皇家学会、都灵科学院等的嘉奖，表彰赫兹对人类做出的杰出贡献。

波的类别是什么

你如果再观察得仔细一点，还可以发现，水波是沿着水平面的方向前进的，它的起伏却垂直于水平面。人们把这种起伏方向和传播方向互相垂直的波叫“横波”。不仅水波是横波，用特定的仪器进行观察，可以发现，在空间，无线电波和光波也都是这样的横波。

你也许会问，是不是所有的波都是横波呢？波是能量在没有发生转换的情况下从空间某一点传递到另一点时形成的扰动运动。在媒介物或者物质中的振动形成机械波，机械波从振动点向外传播。例如，一块卵石落入一池水中会在水中产生垂直振动，而波沿着水池

拓展阅读

波的叠加性

波的叠加性是波的一个很重要的属性。如果有两列以上的同类波在空间相遇，在共存的空间内，总的波是各个分波的矢量和（即相加时不仅考虑振幅，还考虑相位），而各个分波相互并不影响，分开后仍然保持各自的性质不变。叠加性的依据是，（线性）波的方程的几个解之和仍然是这个方程的解，这个原理称叠加原理。

的平面水平向外传播。波的两个主要类别是什么？

横波和纵波是波在物理学领域的两个主要类别。横波可以通过上下抖动绳子产生。绳子被上下抖动，振动产生的能量从振源垂直传出。纵波中的振动并不与波的传播方向垂直，正相反，振动的方向与波传播的方向是一致的。在媒介物中的纵波彼此相撞并紧贴在一起（压缩）然后又立即相互分离（稀疏）。纵波的最好例子是声波，声波是空气分子的一系列往复的纵向振动，在类似空气或者水这样的媒介物中压缩和稀疏。

什么决定了波的速度

波的速度取决于它在什么介质或物质中传播。当波进入一种新的介质中时，该介质的弹性和密度会引起波速的变化。通常，媒介物越密集越有弹性，波就传播得越快。一旦波在某种特定的媒介物中，那种类型的所有波都会以相同的速度传播。例如，声波在0℃的空气中的传播速度是331米/秒。不管是什么频率的声音都会一直以这个速度进行传播，直到介质发生了变化。频率、波长与速度之间有什么关系？

基本小知识

介　质

波动能量的传递，需要某种物质基本粒子的准弹性碰撞来实现。这种物质的成分、形状、密度、运动状态，决定了波动能量的传递方向和速度，这种对波的传播起决定作用的物质，称为这种波的介质。

只要波保持在一种介质中，它的速度将保持不变。既然在这种情况下波速没有改变，那么改变的只能是频率和波长。计算波速的公式是：波速＝频率×波长。

因此，如果波的频率增大了，为了使速度保持不变，波长就必须减小。频率和波长相互成反比。

频率和周期有什么关系

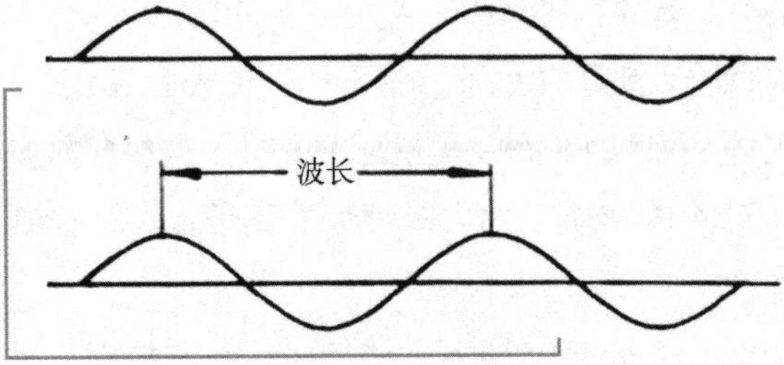

波的频率

波的频率是指每秒发生的全振动的次数，用次数/每秒或者赫兹（Hz）来度量。波的周期是指波完成一次全振动所花费的时间数。两者之间是相互成反比的。

例如，如果一个波花了一秒的时间来上下完全振动一次，波的周期就是一秒。频率是周期的倒数，即1次/秒，因为一秒内波只发生了一次完全振动。然而，如果一个波花了半秒的时间来上下完全振动一次，波的周期就应该是0.5秒，而频率是周期的倒数，结果频率应该是2次/秒。因此，我们应该记住，波的周期越长频率就越低，而波的周期越短频率就越高。揭开电波之谜关于无线电波在地球、地球大气层和宇宙空间中传播过程的理论，是电子学的一个分支。电波受媒质和媒质交界面的作用，产生反射、散射、折射、绕射和吸收等现象，使电波的特性参量如幅度、相位、极化、传播方向等发生变化。电波传播研究无线电波与媒质间的这种相互作用，阐明其物理机理，计算传播过程中的各种特性参量，为各种电子系统工程的方案论证、最佳工作条件选择和传播误差修正等提供数据和资料。根据电波传播原理，用无线电波来进行探测，是研究电离层、磁层等的有效

拓展阅读

统计意义上的频率

频率又称相对次数，即某一事件发生的次数被总的事件数目除，亦即某一数据出现的次数被这一组数据总个数去除。频率通常用比例或百分数表示。

手段。电波传播为大气物理和高层大气物理等的研究提供探测方法，积累大批资料，提供数据分析的理论基础。

电磁波频谱的范围极其宽广，是一种巨大的资源和电波传播的研究对象。主要研究几赫（有时远小于1赫）到3000吉赫的无线电波（极长波到毫米波），同时也研究3000吉赫～384太赫的红外线，384太赫～770太赫的光波的传播问题。电波传播所涉及的媒质有地球（地下、水下和地球表面等）、地球大气（对流层、电离层和磁层等）、日地空间以及星际空间等。这些媒质多数是自然界存在的，但也有人工产生的媒质，如火箭喷焰等离子体和飞行器再入大气层时产生的等离子体等。

它们也是电波传播的研究对象。主要研究地下电波传播、地波传播、对流层电波传播、电离层电波传播和磁层电磁波等。这些媒质的结构千差万别，电气特性各异。但就其在传播过程中的作用可以分为三种类型：

1. 连续的（均匀的或不均匀的）传播媒质。如对流层和电离层等。

2. 媒质间的交界面（粗糙的或光滑的）。如海面和地面等。

3. 离散的散射体。如雨滴、雪、飞机、导弹等，它可以是单个的，也可以是成群的。由于这些媒质的特性多数随时间和空间而随机地变化，所以与它相互作用的波的幅度和相位也随时间和空间而随机变化。因此，媒质和传播波的特性需要用统计方法来描述。

揭开电波的神秘面纱

◎电磁波是什么？电磁波的种类有几种？对人体有影响吗？

从科学的角度来说，电磁波是能量的一种，凡是能够释出能量的物体，都会释出电磁波。电与磁可以说是一体两面，变动的电会产生磁，变动的磁则会产生电。电磁的变动就如同微风轻拂水面产生水波一般，因此被称为电磁波，而其每秒钟变动的次数便是频率。

当电磁波频率低时，主要是由有形的导电体才能传递；当频率逐渐提高

电波的示意图

时，电磁波就会外溢到导体之外，不需要介质也能向外传递能量，这就是一种辐射。举例来说，太阳与地球之间的距离非常遥远，但在户外时，我们仍然能感受到和煦阳光的光与热，这就好比是“电磁辐射借由辐射现象传递能量”的原理一样。

电磁辐射是传递能量的一种方式，辐射种类可分为三种：

1. 游离辐射。

2. 有热效应的非游离辐射。

3. 无热效应的非游离辐射。

电磁波的能量和频率高低成正比。

当高能量电磁波把能量传给其他物质时，有可能撞出该物质内原子、分子的电子，使物质内充满带电离子，这种效应称为“游离化”，而造成这种游离化现象的电磁波就称为游离辐射，包括 γ 射线、X 射线、紫外线等。进入可见光频率以内的电磁波及红外线均无法造成游离化效应，称为非游离辐射。这里必须澄清一个观念，辐射伤害是指游离辐射（游离辐射会与身体内的物质抢夺电荷，产生离子破坏生理组织），非游离辐射则不具游离化能力，

拓展阅读

辐射对孕妇的危害

电磁辐射对人体的影响程度差别很大，通常对妇女和儿童最为敏感。特别是孕妇和胎儿更容易受到影响。电磁辐射对胚胎而言，会阻止其早期细胞分裂，甚至造成细胞死亡，同时还会阻止胎盘的正常发育。科学表明，结合胎儿的发育过程，妊娠期头3个月的危险比妊娠中、晚期的危险大得多。具体地说，1～3个月为胚胎期，受到强电磁辐射有可能导致流产，也可能造成胎儿肢体缺损或畸形；4～5个月为胎儿成形期，电磁辐射可能损伤中枢神经系统，导致婴儿智力低下；6～10个月为胎儿成长期，其主要后果则是免疫功能低下，出生后体质弱，抵抗力差。

不会产生有害人体的自由化离子，大量非游离电磁波只会造成温热效应。

这就好像做日光浴或站在灯泡下方一般，只要不在短期内传太多能量给人体，生理组织就能加以调控，所以在安全范围下长期接受非游离电磁波，并不会产生累积性伤害。

光、无线电和 X 射线都属电磁波。电磁波是一系列的横波：它由两种垂直的横波构成，其中一个组成部分是一个振动的电场，而另一个部分是相对应的磁场。

尽管所有的电磁波都以光速进行传播，个别的电磁波能用它们的频率或波长来表示。电磁波与其他横波决定性的区别在于它们传播时并不需要类似空气、水或者钢铁这样的媒介物。无线电、γ 射线和可见光波都能在真空中传播。

◎ 电磁波是怎样产生的

电磁波是由原子中运动的电荷产生的，这些运动的电荷产生一个电场，转而产生一个对应的磁场。来自运动电子的能量辐射到（不需要是均匀的）电子周围的区域。

◎ 什么是电磁光谱?

电磁光谱把电磁波按照频率从低到高的顺序编列成表。光谱从频率最低的无线电波一直排列到频率非常高的 γ 射线。在电磁光谱中间的一小部分包含了可见光的频率。

◎ 我们日常生活中会接触什么样的电磁波?

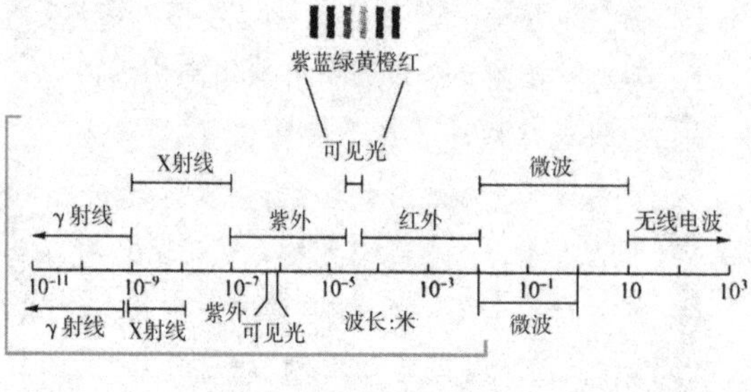

电磁光谱

我们的生活环境中，“电”和“磁”的现象无所不在，除了大自然的太阳光和闪电外，举凡各种电器用品，如电视机、微波炉、电灯泡、计算机等，甚至广播电台、电视台、业余无线电台、无线电出租车、警用无线电台或卫星行动通信等的无线电磁波，都存在我们的生活环境中。

电磁波分很多种，比如红外线，紫外线，γ射线，可见光等，这些都有什么区别呢？如何去理解呢？变化电磁场在空间的传播。与弹性波不同，电磁波的传播并不依赖任何弹性媒质，它靠的是电磁场的内在联系和相互依存，即变化的磁场激发有旋电场、变化的电场（位移电流）激发磁场，因此，电磁波在真空中也能传播。

电磁波的传播速度等于光速，光就是一种电磁波。无线电波、红外线、可见光、紫外线、X射线、γ射线等构成了不同频率和波长的电磁波谱。电磁波的传播伴随着能量和动量的传播，这不仅是电磁波的重要性质，也为电磁场的物质性提供了证据。电磁波是横波，其电矢量、磁矢量和传播方向构成右手螺旋。作为一种波动，电磁波有自身的反射、折射、散射以及干涉、衍射、偏振等现象。电磁波及其一系列性质是麦克斯韦电磁场理论的预言，已为包括赫兹实验在内的大量实验所证实。它们的区别就是波长和频率不同。

◎电磁波就是无线电波吗

可以说是的，也可以说不只是。

电磁波可以由多种方式产生，特性和所起的作用各不相同，但都有一定的波长和频率，如按波长从短到长来看，一般是γ射线、X射线、紫外线、可见光、红外线、无线电波。其中，可以用肉眼觉察得到的常称作“光波”，可以使用天线辐射能量的称作“电波”。我们常用的无线电波只是电磁波的一种，常见的灯光、烛光、激光等也都是电磁波，X射线、γ射线等也是电磁波。电磁波虽然手摸不到，但在自然界里普遍存在，是一种具有质量、动量和能量的物质，只不过存在的形式不同而已。

天波和地波的旅行

电磁波离开了家乡，开始去做远方的旅行。它们分作三路：一路沿着

天波的形象图

崎岖不平的地面——地波；一路直奔浩瀚无际的太空——天波；另一路在大气层中径直向前，它就是空间波。

沿着地面的电波，翻山越岭，有时候遇到了白雪皑皑的群峦，有时候又碰上了矗然直立的建筑。地波或者越过它们，继续自己辽远的途程；或者耗尽了自己的“体力”，倒了下去，再也没有能力继续前进。

在水面上，辽阔的海洋使地波比在陆地上奔跑时“体力”消耗得少一些，所以，它往往也就传得比较远。

当然，从高高的天线上飞跃而出的电波，也有一部分会从地面“弹跳”而起，就像把光线投射到镜子上所发生的现象那样。

最有意思的是，地波的命运还跟它的“身长”有关。不同“身长”的沿着地面传播的电波，别人对它的妨碍是不同的。

知识小链接

大气层

大气层又叫大气圈，地球就被这一层很厚的大气层包围着。大气层的成分主要有氮气，占78.1%，氧气占20.9%，氩气占0.93%，还有少量的二氧化碳、稀有气体（氦气、氖气、氩气、氪气、氙气、氡气）和水蒸气。大气层的空气密度随高度而减小，越高空气越稀薄。大气层的厚度大约在1000千米以上，但没有明显的界限。整个大气层随高度不同表现出不同的特点，分为对流层、平流层、中间层、暖层和散逸层，再上面就是星际空间了。

短距离的空间波和散射波

空间波从发射点经空间直线传播到接收点的无线电波叫空间波，又叫直射波。空间波传播距离一般限于视距范围，因此又叫视距传播。超短波和微波不能被电离层反射，主要是在空间直接传播。其传播距离很近，易受高山和高大建筑物阻挡，为了加大传输距离，必须架高天线，尽管这样，一般的传输距离也不过50千米。

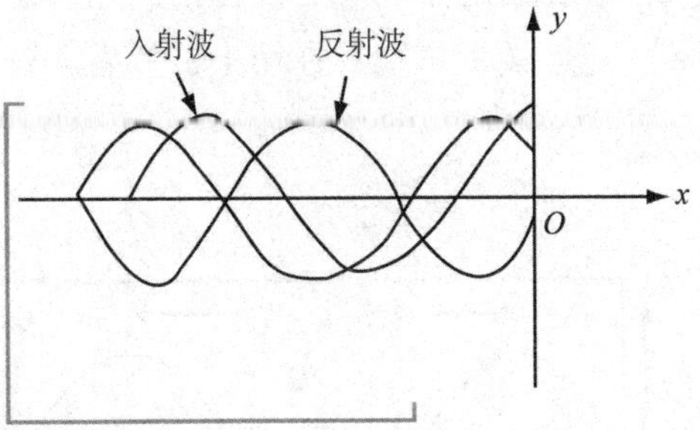

空间波示意图

基本小知识

电离层

电离层是地球大气的一个电离区域。60千米以上的整个地球大气层都处于部分电离或完全电离的状态，电离层是部分电离的大气区域，完全电离的大气区域称磁层。也有人把整个电离的大气称为电离层，这样就把磁层看作电离层的一部分。除地球外，金星、火星和木星都有电离层。电离层从离地面约50千米开始一直伸展到约1000千米高度的地球高层大气空域，其中存在相当多的自由电子和离子，能使无线电波改变传播速度，发生折射、反射和散射，产生极化面的旋转并受到不同程度的吸收。

散射波在无法建立微波接力的地区，如沙漠、海疆、岛屿之间的通信，可以利用散射波传递信息。电离层和比电离层低的对流层等，都能散射微波和超短波无线电波，并且可以把它们散射到很远的地方去，从而实现超视距通信。散射信号一般很弱，进行散射通信要求使用大功率发射机，高灵敏度接收机和方向性很强的天线。

什么是电波的“身长”

在回答这个问题之前，我们先拿根绳子来做个试验吧！你抓住绳子的一端，把它的另一端钉在墙上，然后急剧地把手抖动起来，瞧瞧吧，你看到了什么？

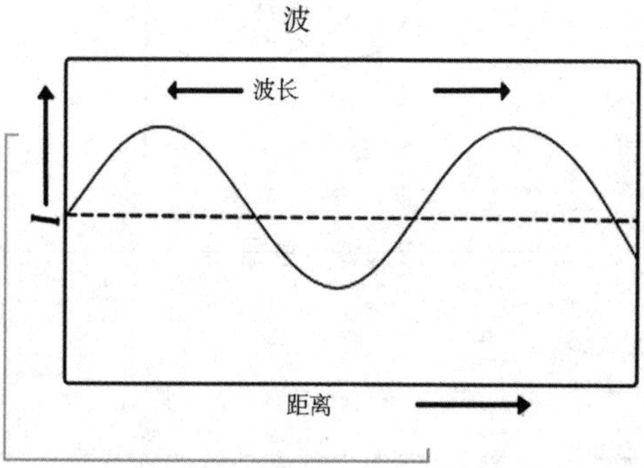

波长形象图

这时候你会很清楚地看到一个一凹一凸的波浪，迅速地向前面传去。抖得越快，凹部与凹部之间的距离就隔得越近。

像这种波浪形成的时候，两个相邻的凹部或者凸部之间的距离，就是波的“身长”。人们把它叫作“波长”。

电波也是这样，在它传播的时候，也有个波长。正好像绳子抖得越快，绳子上的波长就越短一样，当电路里电荷来回地奔走越快的时候，电磁振荡的频率也就越高，那么，它的波长就越短。反过来说，振荡的频率越低，它的波长就越长。

电波的波长，最长的有 3 万米，最短的只有 1 米的几万分之一。万米波的“个儿”确实是很长的了，人们把它叫作“甚长波”。依此类推，千米波就是“长波”，百米波是“中波”，十米波是“短波”，米波就是“超短波”。波长在 1 米以下的分米波、厘米波、毫米波，以及波长比毫米更短的亚毫米波，都叫作“微波”。

波长不同的电波，它们的脾气也大不相同，长的比较会转弯抹角，能沿着地面跑一段距离。可是地面会吸收掉它的一部分能量，所以如果要让它跑得远些，就要大大增加发射它的电力。短的波只会向前直闯，在地面上几次东碰西撞之后，它就无影无踪地消失了。

基本小知识

罗 马

罗马，意大利的首都，位于台伯河下游平原，是意大利政治、历史和文化交通中心，同时也是古罗马和世界灿烂文化的发祥地，已有2500余年历史。它是一座艺术宝库、文化名城，也是罗马天主教教廷所在地。是意大利占地面积最广、人口最多的城市，也是世界最著名的游览地之一。

这样看来，沿着地面上跑的主要是长波。那么向天空奔去的那一路又怎样呢？天空的情况可就更复杂了。

据说有一年，罗马近郊的一个城镇失了火，大火烧坏了和城市相连的电话，看来已经没有希望请求城里的消防队援助了，可是不知是谁竟用无线电向空中发出了呼救，电波传到了丹麦的哥本哈根，哥本哈根的人立刻再用无线电告诉罗马。这样，罗马城边的事情竟在地球上兜了一个大圈子，才又传到罗马。奇怪的是近在咫尺的城里，却没有一个人直接听见呼救的无线电信号！

问题的原因在哪里呢？这就是因为天波的传播有着它自己独特规律的缘故。谁都晓得，包着地球的是厚厚的一层空气，愈往上去，空气愈稀薄，但是即或到了几百千米的高空，空气可还存在着。地球周围的空气，经过阳光一晒，在紫外线的作用下，就变成了带有电荷的气体，这种现象，叫做“电离”。愈接近地面，空气的密度愈大，正电荷跟负电荷发生碰撞的机会就愈多，它们很快地又会自动中和，所以越接近地面，电离的程度越弱，特别到了晚上太阳下山之后，低空的电离就很微弱了。在几百千米的高空，那儿空气很稀薄，正、负电荷很难有机会相遇，所以电离的情况在日落之后仍然保持着。

这种电离的空气层，叫作“电离层”。根据电离程度的不同，人们把它分作四层，最低的一层从离开地面30千米开始，一直到80千米为止，最高的一层大约在离开地面280～400千米的地方。电离层有一种古怪的脾气，它会吸收电波。波长愈长的电波，愈容易被它“吃掉”。当然多少总有一部分电波，虎口余生地逃回来，这就是被反射回来的天波。

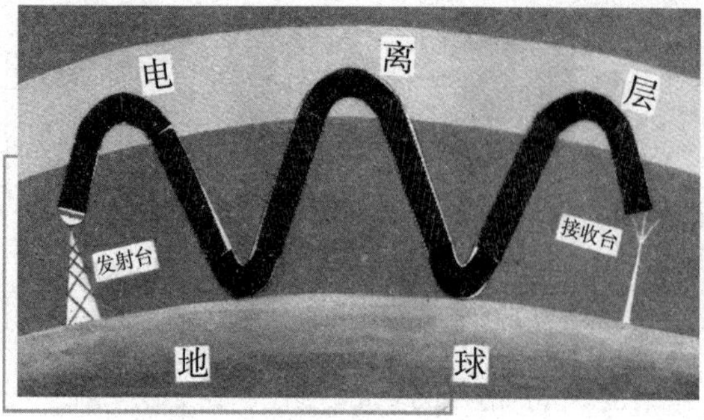

电离层示意图

所以难怪中午的时候，收音机里很难听到远处的长波、中波的电台。因为这时候烈日当空，连离开地面最近的那一层也强烈地电离了，它大口大口地“吞没”着长波和中波，因此就只有一点微弱的电波反射回地面来。等太阳下山，离地较近的电离层逐渐消失，长波和中波的较大部分能够被反射到地面，于是天空中又活跃起来。因此，我们在晚上就能听到比较多的电台。短波却不同，它不容易被电离层吃掉，因此从天空中反射回来之后，就像个皮球一样，又从地面跳起，这样一跳几跳之后，就传播了很远的距离。电力不大的短波电台，正是由于这个缘故，才传到了比长波要远得多的地方。从罗马城郊发出的求救信号，显然用的是短波。所以哥本哈根听见了，罗马却没有人知道。

但是，波长很短的电磁波，往往会从不同的电离层上反射回来，再经过一跳再跳，才传到某个地方。由于电波经过了不同的传播途径，所以时而彼此加强，使短波台的声音响亮一些，时而相互抵消，声音就弱一点。这种像潮水般的时涨时落的现象，要求人们根据季节、日夜和地理环境，去选用最合适的波长。超短波和微波，因为它们的波长更短了，电离层对它们的影响也就更小，所以常常是径直地穿入到电离层中，再也不回到它的老家——地球上来。在这种情况下，能够用来为我们传递消息的超短波和微波，只是在地面大气层中笔直传播的那一部分空间波。由于这个缘故，为了让它传得远些，就得把天线架得高些，甚至不断地在中途给它“接力”。不过，在近 20 年里，也有人捕捉到过从离开地面 10～14 千米的大气对流层中以及电离层中散射回来的超短波和微波，所以，看来它们也有可能传到几百、几千千米以外去，只是我们还没有充分认识和掌握它们的规律罢了。

由此可见，不同波长的电波，是选择不同的途径去远方旅行的。当然，世界上一切事情都不是绝对的，所以天波、地波、直射波、反射波也往往一起出现，而且白天、黑夜，春、夏、秋、冬，经度、纬度，黑子、磁暴，都无不对大气层、电离层产生着影响。因此电波的传播也是一个发人深思的问题。在广阔的电波世界里，包藏着多少有趣的秘密啊！

奇妙的合作

说话、唱歌、弹琴的声音，通过话筒，变成了强弱不同的电流。但是，光把这个音频电信号送到天线上，却无法发射去远方。所以，人们还必须替音频电信号解决“运载工具”的问题。

知识小链接

电 场

电场是电荷及变化磁场周围空间里存在的一种特殊物质。电场这种物质与通常的实物不同，它不是由分子原子所组成，但它是客观存在的。电场具有通常物质所具有的力和能量等客观属性。电场的力的性质表现为：电场对放入其中的电荷有作用力，这种力称为电场力。电场的能量的性质表现为：当电荷在电场中移动时，电场力对电荷作功（这说明电场具有能量）。

这又是什么缘故呢？道理是十分简单的。音频电信号的频率太低，波长太长了。要使线路中电的能量以电场、磁场的形式在空间中传播，需要较高的频率并且使天线的长度能够跟信号的波长相配合。音频信号的最高频率是20000 周/秒，也就是 20000 赫兹。用频率去除电磁波传播的速度，可以算出它的波长。这个得数是惊人的，它等于 15000 米。

请想想，实际上怎么可能架设一根这么长的天线？所以，平常开会的时候，尽管人们也使用着话筒，但是除了用导线联接起来的喇叭之外，在会场上或者在其他地方打开收音机，是怎么也收听不到发言人的声音的。当我们希望音频电信号能够不用导线来传递的时候，必须想办法使它能从一般的天线上辐射出去。而这就必须缩短波长，提高频率。可是，频率高了，把电信号还原成为振动的时候，耳朵就听不见它了。耳朵听得见的，辐射不出去，能够辐射出去的，偏偏又听不见。所以，摆在我们面前的矛盾是：传得远，听不见；听得见，却传不远。

正如一个旅客可以坐上火车，去到遥远的地方，在到达目的地以后，再走下车厢一样，这个远与近，听不见与听得见的矛盾，在一定条件下也可以相互转化。譬如说，我们可以把低频率的音频信号看作是需要出门的旅客，把高频率的电磁波看作是一种运载的工具——火车，那么，只要让音频信号乘上高频“列车”，岂不就能携带它去到了远方！高频、低频电磁信号这么一种奇妙的合作方式，叫做“调制”。在把音频电信号送到目的地之后，把它从“运载工具”上卸取下来的过程，叫做“解除调制”，人们又习惯地把它叫作“解调”或“检波”。在这里，高频电磁波只起了“运载工具”的作用，所以叫作“载波”。在你平时收听无线电广播的时候，一定听到播音员这样说过：中央人民广播电台，540 千周。这个 540 千周，就是中央台的载波频率。男低音、女高音、各种器乐、各个节目的音频信号，都是叠加在这个 540 千周的载频信号上发送出来的。

不过，实现高频信号、低频信号奇妙的合作，并不是一件十分简单的事情。它需要有一种具有特殊性能的元件，最常用的是电子管或晶体三极管。

什么是射电

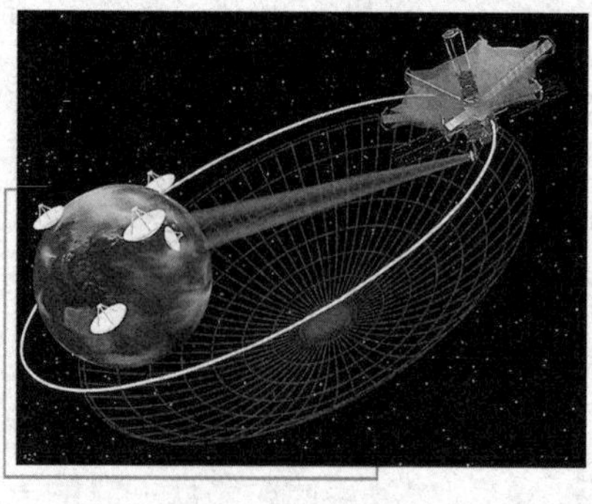

天体的无线电波

天体发出的无线电波就叫射电。天体一般都是射电源，成为射电源的原因很复杂，有些还没有完全弄清楚。不同天体的射电频率也不一样，有些差距还很大，国际上专门编制有射电源表，就是记载射电源的名称、位置、强度等数据的表册。

电波星系的那些事

电波星系和相关的电波喧噪类星体和耀变体，都是在无线电波长（频率在10～100兆赫，功率高达1038瓦）上非常明亮的活跃星系。电波的辐射来自于同步加速过程，被观测到的电波是来自于一对气体喷流的结构和外在的媒介，经由相对论性发光修正的作用后所发射的。电波喧噪的活跃星系令人感兴趣的不仅是星系本身，还因为它们可以在遥远的距离外被观测到，可以作为观测宇宙论上可贵的工具。最近，有很多工作有效地从这些星系际介质，特别是星系团，得到了很好的结果。来自电波喧噪活跃星系的电波发射是同步加速辐射，被臆测是非常平滑的、自然的宽带和高度偏振。

这暗示发射电波的等离子体包含，至少是有相对论性速度（洛仑兹因子大约在 -10^4）的电子和磁场。因此等离子体必然是中性的，质子或正子必然是其中的成分之一，但是没有办法从同步加速辐射中直接观察出微粒的种类。而且，没有办法从观测中确定微粒和磁场的能量密度（也就是说，相同的同步加速辐射可以来自强磁场的少数几个电子，也可以是来自弱磁场的大量电子）。它是可能在特定的发射区域内，以给定的发射率，在最低的能量密度下测量出的最低能量状态，但多年来没有特别的理由可以相信在真实状况中，任何地方的能量都在极小能量的附近。一种与同步加速辐射是姐妹程序的是逆康普顿过程，相对论性的电子与四周的光子作用，经由汤姆孙散射提高能量。来自电波喧噪源的逆康普顿发射特别重要的结果是X射线，因为它只与电子的密度有关（已经知道的光子密度），对逆康普顿散射的测量允许我们估计粒子和磁场的能量密度（依赖某些模型）。

这可以用来论证是否多数来源的情况都接近于极小值能量的附近。同步加速辐射没有被限制在电波的波长范围内：如果电波源的粒子能被加速到足够的能量，在红外线、光学、紫外线或甚至在X射线，也都能检测到在电波区域的特性。

知识小链接

红外线

在光谱中波长自0.77~1000微米的一段称为红外线，红外线是不可见光线。所有高于绝对零度（-273.15℃）的物质都可以产生红外线。现代物理学称之为热射线。医用红外线可分为两类：近红外线与远红外线。

但是，后述状况的电子必须获得超过1太电子伏的能量，而在通常状态下的磁场，电子很难获得如此高的能量。再一次，偏振和连续光谱被用于区别来自其他过程的同步加速辐射。喷流和热点是常见的高频同步加速辐射的来源。在观测上要区别同步加速辐射和逆康普顿辐射是很困难的，幸好在进行的过程中在一些物体上会有一些歧异，特别是在X射线。在产制相对论粒子的过程，同步加速辐射和逆康普顿辐射都被认为是粒子加速器。费米加速在电波喧噪的活跃星系中似乎是有效的粒子加速过程。

电波的实验与发现

任何一个新生事物的发现都会经历一个漫长的过程，电波的发现也不例外。一个玉工偶然发现，刚磨好的玉会吸附绒毛、头发、细线等轻微的东西，这一发现，开启了人类研究电波的大门。之后，无数的科学家经过大量的实验研究，最终发现了无线电波。

在验证电波的过程中，最著名的人物莫过于莫尔斯，他放弃了画家的身份毅然投身于电波的研究中，付出了毕生的经历。

就这样，经过一代又一代科学家的反复研究、实验，人类最终捕捉到了电波的踪影，并据此研发了许多改变人类历史的科技成果。

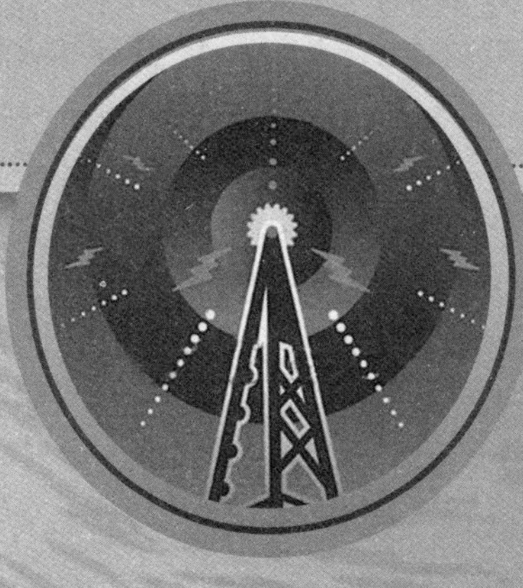

玉工们的发现

无线电波的秘密并不是一下就被人们揭开的。它花费了人类将近两千年的时间。

在2500多年以前，为了装饰的需要，有人把琥珀、玳瑁磨成珠子、耳环和手镯之类的东西。琥珀是一种美丽的树脂化石，黄黄的颜色中略带一点红褐，晶莹透明，非常美观。玳瑁是一种跟乌龟相似的海生爬行动物的甲壳，黄褐的颜色中带有一些黑斑，在那个时候人们把它叫作“顿牟”。因为琥珀和玳瑁都很硬，所以，在中国和希腊有不少辛勤劳动的工人，成天磨呀琢呀，跟琥珀和玳瑁打交道。

一天一天地，工人们发现了刚磨好的琥珀和玳瑁具有一种奇异的特性：它会吸引芥菜籽、绒毛、头发、细线一类的轻微的东西。于是人们记下了“顿牟掇芥”的怪现象。

又过了好几百年，一个学者在《博物志》里记下了另一个有趣的现象：用漆过的木梳子梳头，或者在穿、脱丝绸及毛皮质料衣服的时候，会有噼噼啪啪的声音和火星出现。当时人们并不了解“顿牟掇芥”与脱衣服“解结有光”之间有什么联系。因为对任何事物的认识，得有一个过程，加上受封建社会的约束，当时的科学发展是比较缓慢的。至于在国外，特别是在中世纪时期的欧洲，教会势力和封建势力结成了反动的联盟，宗教的

广角镜

琥　珀

琥珀，波斯语的音译，产于波斯及其他各国，可做药材。《中国印度见闻录》载：“琥珀生长在海底，状似植物，当大海狂吼，怒涛汹涌，琥珀便从海底抛到岛上，状如蘑菇，又似松露。”唐宋时期琥珀作为高级贡品传入中国，中国汉文史籍里保存了大量此方面的记载。《册府元龟》卷九七二载，唐代宗大历六年（771）九月，“波斯国遣使献珍珠、琥珀等。”《宋史》卷四九〇亦载，宋真宗大中祥符四年，“大食遣拖坡离进琥珀”。

影响渗透到了社会生活的各个方面，真正的科学被视为异端邪说，遭受着残酷的迫害。

但是，历史的洪流总归要奔腾向前，到了11世纪以后，在我国，经历了五代十国长期战乱，形成了中央集权的北宋王朝，社会秩序进入了一个相对稳定的时期。在欧洲，十字军远征，教堂和城市建筑的发展，粮食和手工业产品的增加，以及伴随着贸易的扩展和航海技术的进步，促使人们去总结以往的经验和教训，思考许多未来的问题。于是，科学知识的宝库被充实起来了。

这样，到1600年，英国有一个叫作吉柏的医生发现，不但琥珀具有吸引轻微物体的能力，而且经呢绒之类摩擦过的金刚石、水晶、硫磺、火漆和玻璃，也都会有那种神奇的吸引力。这使他想到“琥珀之力”并不是琥珀所特有，而应当蕴藏在一切物质之中，就好像水渗透在海绵里一样。后来，他根据希腊文字“琥珀”的字根，拟定了一个新的名词，把它叫作“电”。

又过了100多年，人们制成了一架会发生电的机器。制造者把熔化了的硫磺灌到玻璃球里，等硫磺凝固以后，就打破玻璃，取出小球，安上一根转轴，装到机器上使它旋转起来。然后用各种不同的物质去和转动的硫磺球摩擦，目的是想要找到使硫磺球带电的最好的材料。实验的结果是使人惊异的。最好的材料不是别的，竟是实验者自己的双手！从此以后，人们真的就用手掌发起电来了。

有一次，又一个有趣的现象发生了：一根柔软的绒毛从带电的硫磺球上跳下来，直向实验者的鼻子飞去。原来在做实验的时候，通过手，使他的鼻子也带了电。

这个现象后来才慢慢地被人懂得：不但摩擦以后的硫磺球会吸引毛发，凡是摩擦以后再分开的两个物体，它们都同时带上了电。在人体和某些其他的物体上，电并不停留在发生的地方，它会从一个地方流到另一个地方。这些物体就叫作“导体”。实验使人碰到的有趣事情还不止一件。有一天，人们发现绒毛被吸到硫磺球上之后，一下子就跳了起来，落回地上，然后再跳起，落到球上另外一个地方。小绒毛一上一下地跳着“舞蹈”，一直等它“吻遍”了整个小球，吸光了球上所有的电，才老老实实地躺了下来。这个现象说明，电不只是具有吸引的作用，而且也会互相排斥；电并不能在一切物体上任意流动，有时候它就停留在摩擦过的各个不同的地方。小绒毛的表演还使人们产生了电的“原子性”的想法，并且开始把电称作“电荷”。慢慢地，人们懂得了电荷有两种。每次产生电的时候，两种性质截然相反的电荷总是成对地出现。同名的电荷会互相排斥，异名的电荷要互相吸引。假定把同样多少的异名电荷放作一堆，那么它们立刻就彼此中和，失掉了带电的现象。

为了区别这两种电荷，最初人们把它们称作“树脂性的”和“玻璃性的”电。后来富兰克林干脆把它们叫作“负电”和“正电”。这个用正、负号来表示两种电荷的习惯，一直保持到今天。

莫尔斯：弃画从文的发明家

朋友，你们可知道150多年前发明电报的人是一位美国的画家？也许你们会怀疑：不懂电学的画家怎么能发明电报呢？

其实，这也不奇怪。俗话说，“只要功夫深，铁杵磨成针。”要是勤学苦钻，不仅外行可以变成内行，而且还能创造出惊人的奇迹。美国画家莫尔斯发明电报的故事就是一个明证。

在“萨利”号邮轮上

1791年4月27日，萨缪尔·莫尔斯诞生于美国马萨诸塞州查理镇，父亲是知名的地理学家。莫尔斯毕业于耶鲁大学美术系时，只有19岁。1832年秋天，已任美国国立图画院院长的莫尔斯从欧洲考察和旅游回国时，在一艘从法国勒阿弗尔港驶往美国纽约的“萨利”号邮客轮上，认识了一位美国医师、化学家，又是电学博士查理·托马斯·杰克逊。当时杰克逊参加了在巴黎召开的电学讨论会后回国，谈到了新发现的电磁感应，引起了莫尔斯极大兴趣。

“杰克逊先生，电磁感应是怎么回事呢？”莫尔斯好奇地问。

“你看一下实验就清楚了！”杰克逊说道，就从皮包里取出一些电器材料放到桌上，然后给绕在蹄形铁芯上的铜线圈通上电，只见桌上的铁片、铁钉都被那铁芯吸上了。不一会儿，断了电，那些铁钉、铁片很快就掉了下来。

“导体在磁场中做相对运动会产生电流，通电的线圈会产生磁力，这种现象就叫电磁感应现象！”杰克逊简要解释道。

“我虽然不懂电学，经过您的指教，使我开了窍。非常感谢！”莫尔斯回到自己的房间，久久不能平静，感到电磁感应把他引进到一个广阔的天地。

他利用在船上休闲的时间兴致勃勃地阅读了杰克逊借给他的有关论文和电学书本，画家的丰富想象力使他萌发了一个遐想：铜线通电后产生磁力；断电后，失去磁力。要是利用电流的断续，做出不同的动作，录成不同的符号，通过电流传到远方，不是可以创造出一种天方夜谭式的通信工具了吗？

他越想越入迷，觉得这个极妙的理想正是人类梦寐以求的愿望，一定要实现它。他毅然下决心去完成“用电通信”的发明。莫尔斯回到国立图画院后，白天坚持本职工作，利用业余时间刻苦钻研电学。他把自己的画室改造成电报实验室。为了缩短自学的时间，特地拜电学家亨利为师，定时去听课，学做实验。每逢假日和晚上，莫尔斯经常独自一人在实验室里，集中精力边学习边设计边试验。他苦干了四个春秋，制造出了首台电报样机。

拓展阅读

电报之前的通信方法

在未发明电报以前，长途通信的主要方法包括有：驿送、信鸽、信狗，以及烽烟等。驿送是由专门负责的人员，乘坐马匹或其他交通工具，接力将书信送到目的地。建立一个可靠及快速的驿送系统需要十分高昂的成本，首先要建立良好的道路网，然后配备合适的驿站设施。在交通不便的地区更是不可行。使用信鸽通信可靠性甚低，而且受天气、路径所限。另一类的通信方法是使用烽烟或摆臂式信号机、灯号等肉眼可见的信号，以接力方法来传信。这种方法同样是成本高昂，而且易受天气、地形影响。在发明电报以前，只有最重要的消息才会被传送，而且其速度在今天的角度来看，是难以忍受的缓慢。

可是，连续多次试机，发现磁铁毫无动作。他万分焦急地找到一位教授肯尔，向他求教。

“你在磁铁上绕了多少圈线？”肯尔似乎捉摸到问题的症结，开门见山地问道。

“共绕了十圈。”莫尔斯答道。

“太少了，多绕几圈，你再试试，准能达到足够的磁力。相信你一定会成功。”肯尔给他很大鼓励。

莫尔斯遵照肯尔的指点，回到实验室重新绕线，嘿！磁铁真的动作起来了。可是，问题并没有完全解决。1837 年 9 月 4 日，莫尔斯发明的电报机信号只能传送 500 米。但他毫不气馁，继续研究。他从亨利老师的发明得到灵感，终于创造出了一种起接力作用的继电器，解决了远距离信号减弱的问题。

然而，如何利用电磁铁电流断续时间长短的动作，录成记号，变成文字，真正起到通信的作用呢？莫尔斯请来朋友维耳当助手，费尽心血，创造出用点（·）和画（–）符号的不同排列来表示英文字母、数字和标点，成为电信史上最早的编码，后被称为“莫尔斯符号”。他与维耳还研制成电报音响器，可以在收电报的同时，通过电码声音直接译出电文，大大缩短了收报译文的时间。为了使电报样机迅速得到试验鉴定，莫尔斯与维耳多次研究考察，拟定了在华盛顿与马里兰州的巴尔的摩两城市间架设第一条 40 千米长的高空试验性电报线路计划。几经波折，计划于 1843 年得到美国国会的拨款支持。1845 年 5 月 24 日，在美国国会大厦举行的世界上第一次收发电报公开试验获得了成功。几年后，电报很快得到推广。

早期的电报机

1854 年，美国最高法院正式确定莫尔斯的发明专利权。1858 年，欧洲各国联合发给莫尔斯 40 万法郎奖金。这位画家成为电报发明家的故事传遍了世界！晚年，享有盛誉的莫尔斯将发明电报获得的巨大财富从事慈善事业。1872 年 4 月 2 日莫尔斯逝世后，纽约市人民特地在中央公园为他建造了一座雕像，永远纪念他为人类做出的巨大贡献。

“我听到了”——贝尔发明电话的故事

1847 年 3 月 3 日，亚历山大 · 贝尔出生在英国的爱丁堡。他的父亲和祖父都是颇有名气的语言学家。

受家庭的影响，贝尔小时候就对语言很感兴趣。他喜欢养麻雀、老鼠之类的小动物。他觉得动物的叫声美妙动听。上小学时，他的书包里，除了装课本书外，还经常装有昆虫、小老鼠等。有一次，老师正在讲《圣经》的故事，忽然他书包里的老鼠窜了出来，同学们躲的躲，叫的叫，弄得教室内大乱。老师怒不可遏，觉得这样的学生不可教。

不久，贝尔的父亲就将贝尔送到伦敦祖父那儿。这位慈祥的老人虽然很疼爱孙子，但对孙子的管教十分严厉。祖父深谙少年的学习心理，他不采用填鸭式的方法，硬逼贝尔学习书本上的知识，而是从培养贝尔的学习兴趣入手。渐渐地，贝尔有了强烈的求知欲，学习成绩也上去了，成了优等生。贝尔后来回忆道：“祖父使我认识到，每个学生都应该懂得的普通功课，我却不知道，这是一种耻辱。他唤起我努力学习的愿望。”

贝尔向众人展示他所发明的电话

一年之后，贝尔又回到了故乡爱丁堡。在他家附近，有一座磨坊。贝尔觉得这种老式水磨太费劲了，要改进改进。于是，他查阅各种图书资料，设计出一幅改良水磨的草图。这图虽然画得不规范，但构想却十分巧妙。经过工匠的加工，水磨果然变得十分灵活，比原来省力多了。从此，他成了远近闻名的“小发明家”。

贝尔从这里看到了发明创造的意义。每一项的发明，都将使很大一部分人受益，都是人类向前迈进的一块基石。

1869 年，22 岁的贝尔受聘美国波士顿大学，成为这所大学的语音学教授。贝尔在教学之余，还研究教学器材。有一次，贝尔在做聋哑人用的“可视语言”实验时，发现了一个有趣的现象：在电流流通和截止时，螺旋线圈会发出噪声，就像电报机发送莫尔斯电码时发出的“嘀答”声一样。

“电可以发出声音！”思维敏捷的贝尔马上想到：“如果能够使电流的强度变化，模拟出人在讲话时的声波变化，那么，电流将不仅可像电报机那样输送信号，还能输送人发出的声音，这也就是说，人类可以用电传送声音。”贝尔越想越激动。他想：“这一定是一个很有价值的想法。”于是，他将自己的想法告诉电学界的朋友，希望从他们那里得到有益的建议。

然而，当这些电学专家听到这个奇怪的设想后，有的不以为然，有的付之一笑，甚至有一位不客气地说：“只要你多读几本《电学常识》之类的书，就不会有这种幻想了。”

贝尔碰了一鼻子灰，但并不沮丧。他决定向电磁学泰斗亨利先生请教。

亨利听了贝尔的介绍后，微笑着说：“这是一个好主意！我想你会成功的！”

“尊敬的先生，可我是学语音的，不懂电磁学。”贝尔怯怯地说，“恐怕很难变成现实。”“那你就学会它吧。”亨利斩钉截铁地说。

得到亨利的肯定和鼓励，贝尔觉得自己的思路更清晰了，决心也更大了。他暗暗打定主意：“我一定要发明电话。”

此后，贝尔便一头扎进图书

广角镜

USB 电话

是一种在外形上小巧美观，形似手机，易于携带的网络话机。它使用 USB 接口连接电脑，利用电脑接入网络来传送语音。专业性能高，支持很多种电话。独特的手机式外型设计，即插即用，连接 PC 电脑或笔记本电脑，简单易用。可以通过它像普通电话一样拨打或接听任何网络电话。

馆，从阅读《电学常识》开始，直至掌握了最新的电磁研究动态。有了坚实的电磁学理论知识，贝尔便开始筹备试验。他请来18岁的电器技师沃特森做试验助手。接着，贝尔和沃特森开始试验。他们终日关在试验室里，反复设计方案、加工制作，可一次次都失败了。“我想你会成功的，”亨利的话时时回荡在贝尔的耳边，激励着贝尔以饱满的热情投入研制工作中去。

光阴如流水，两个春秋过去了。

1875年5月，贝尔和沃特森研制出两台粗糙的样机。这两台样机是在一个圆筒底部蒙上一张薄膜，薄膜中央垂直连接一根炭杆，插在硫酸液里。这样，人对着它讲话时，薄膜受到振动，炭杆与硫酸接触的地方电阻发生变化，随之电流也发生变化；接收时，因电流变化，也就产生变化的声波。由此实现了声音的传送。

可是，经过验证，这两台样机还是不能通话。试验再次失败。经反复研究、检查，贝尔确认样机设计、制作没有什么问题。“可为什么失败了呢?”贝尔苦苦思索着。一天夜晚，贝尔站在窗前，锁眉沉思。忽然，从远处传来了悠扬的吉他声。那声音清脆而又深沉，美妙极了！

“对了，沃特森，我们应该制作一个音箱，提高声音的灵敏度。”贝尔从吉他声中得到启迪。于是，两人马上设计了一个制作方案。一时没有材料，他们把床板拆了。几个小时奋战之后，音箱制成了。

贝尔发明的电话

1875年6月2日，他们又对带音箱的样机进行试验。贝尔在实验室里，沃特森在隔着几个房间的另一头。贝尔一面在调整机器，一面对着送话器呼唤起来。忽然，贝尔在操作时，不小心把硫酸溅到腿上，他情不自禁地喊道：“沃特森先生，快来呀，我需要你!”

“我听到了，我听到了。”沃特森高兴地从那一头冲过来。他顾不上看贝尔受伤的地方，把贝尔紧紧拥抱住。贝尔此时也忘了疼痛，激动得热泪盈眶。

当天夜里，贝尔怎么也睡不着。他半夜爬起来，给母亲写了一封信。信中他写道："今天对我来说，是个重大的日子。我们的理想终于实现了！未来，电话将像自来水和煤气一样进入家庭。人们各自在家里，不用出门，也可以进行交谈了。"

可是，人们对这新生事物的诞生反应冷漠，觉得它只能用来做做游戏，没什么实用价值。

贝尔一方面对样机进行完善，另一方面利用一切机会宣传电话的使用价值。两年之后的1878年，贝尔在波士顿和纽约之间进行首次长途电话试验(两地相距300千米)，结果也获得成功。

从这以后，电话很快在北美各大城市盛行起来。

电生磁和磁生电

不但电流会产生磁，磁也能产生电流。

做出这个不平凡结论的是伦敦乔治·利勃书店的学徒迈克尔·法拉第。他可以说是近代电磁学说的第一奠基人。

法拉第

法拉第生长在一个贫苦的铁匠的家庭里，由于生活的逼迫，他不得不在12岁就上街卖报，13岁便离开了家，到乔治·利勃书店去学习装订书籍的手艺。

从小就没有机会上学的法拉第，是十分喜爱科学的。失学当然使他感到痛苦，但艰苦的条件并不能阻挠他如饥似渴地刻苦学习。他常常利用工作的闲暇去弥补知识的缺陷。他贪婪地阅读着一本本交来装订的书籍。这样，法拉第很快地了解了前人的许多重大成就。法拉第读书很努力，求知欲望更强烈。星期天和晚上，他总挤出时间去听那些公开举行的演讲。

有一次，他听了当时英国最著名的化学家汉弗莱·戴维的演说，他当场记下了全部演讲的内容，回家后又做了认真的研究和整理。随后，他把演讲记录连同自己的心得和献身科学的志愿，给戴维去了一封信，并且请求他收留自己在他的身边工作。戴维小时候是一个药房的学徒，他完全理解这个热情的青年工人的心情。戴维把他安插在自己的实验室里，做一些洗涤、打扫的事情。由于法拉第杰出的才能，不久他就开始了独立的研究工作。1816 年，法拉第写出了第一篇科学论文。到了 1824 年，他的名声已经遍于英国的科学界了。

从这个时候起，法拉第就专心致志于电现象和磁现象的研究。他发现，不但放在磁铁附近的磁针会发生偏转，如果把磁铁放在撒满铁屑的纸板下面，再轻轻地敲击纸板，这时候，铁屑会排成一个对称的美丽图形。铁屑有规则的排列，说明了纸板下面的磁铁对它们产生了影响。就好像电场会使短发和碎草有规则地排列起来一样，在磁铁的周围，也一定存在着“磁场”。法拉第还发现，磁场不仅存在于磁铁的附近，在有电流通过导线的时候，在导线的周围，也会产生磁场。

电流磁场的发现，使人们明白了丹麦物理学家奥斯忒看到的现象。正是电流磁场的作用，磁针才发生了偏转。电流既然会产生磁场，反过来，磁场能不能产生电流呢？

法拉第又开始了新的尝试。他把一条 67.1 米长的导线绕在圆筒上，用电流计接在两端，然后再把一根条形磁铁插进圆筒，法拉第想，这个外加上去的磁场，应当会产生电流。他满怀着希望跑到电流计的前面，可是电流计的指针一动也不动。

法拉第仔细检查着仪器和接线，再次进行实验。等他跑到电流计前面的时候，电流计的指针

广角镜

指南针

指南针是用以判别方位的一种简单仪器，又称指北针。指南针的前身是中国古代四大发明之一的司南。主要组成部分是一根装在轴上可以自由转动的磁针。磁针在地磁场作用下能保持在磁子午线的切线方向上。磁针的北极指向地理的北极，利用这一性能可以辨别方向。常用于航海、大地测量、旅行及军事等方面。

还是指在“0”上。法拉第失望了。可是他并没有灰心，他深深思索着失败的原因。这样的办法不对！为什么每次都要插好了磁铁再去看电流计呢？法拉第猛然闪过了这样一个念头。

这时候，在法拉第深邃的思想中，一个认识的飞跃已经通过大量实践而得到完成：“无中不会生有。”“在任何情况下……没有纯粹的力的创造，没有不消耗某种东西而能够产生力”。在这里，尽管法拉第和当时许多物理学家一样，常常对“力”这个词赋予机械力和能量的双重涵义，然而我们却可以从朴素的语言中，看到他们已经是如何深刻地掌握和运用着“能量守恒与转换”这条自然界的普遍规律。电流只有发生在磁棒插入或者拔出线圈的转瞬之间，磁棒与线圈的相对运动是由磁产生电的必要条件。这就是法拉第从许多次失败中得到的新的启示。

于是他装好仪器，重做试验，两眼紧紧地盯住在电流计上。果然，就在磁铁插入圆筒的一刹那间，电流计的指针动了。它显示了磁场产生电流的成功。只有运动的磁铁所产生的变化着的磁场，才会产生电流。这是法拉第得出的一个重要结论。

既然变化的磁场会引起电流，而电流又能产生磁场，那么用变化的电流就可以获得变化的磁场，有了变化的磁场就能有电流，所以通过电磁感应的方法，用电流来产生电流应当是可能的。法拉第再次进行实验。实验证明了他的设想。

法拉第以半生辛勤的劳动，找到了电现象和磁现象的联系，找到了电磁感应的规律。法拉第为电学的发展和应用，做出了重大的贡献。

谁预言了电磁波的存在

詹姆斯·克拉克·麦克斯韦是继法拉第之后集电磁学大成的伟大科学家。

麦克斯韦 1831 年 11 月 13 日出生于英国的爱丁堡，自幼聪颖，父亲是个知识渊博的律师，使麦克斯韦从小受到良好的教育。10 岁时进入爱丁堡中学学习，14 岁就在爱丁堡皇家学会会刊上发表了一篇关于二次曲线作图问题的论文，已显露出出众的才华。

詹姆斯·克拉克·麦克斯韦

1847 年他进入爱丁堡大学学习数学和物理，1850 年转入剑桥大学三一学院数学系学习，1854 年以第二名的成绩获史密斯奖学金，毕业留校任职两年。

1856 年在苏格兰阿伯丁的马里沙耳任自然哲学教授，1860 年到伦敦国王学院任自然哲学和天文学教授，1861 年选为伦敦皇家学会会员，1865 年春辞去教职回到家乡，系统地总结他的关于电磁学的研究成果，完成了电磁场理论的经典巨著《论电和磁》，并于 1873 年出版，1871 年受聘为剑桥大学新设立的卡文迪什试验物理学教授，负责筹建著名的卡文迪什实验室，1874 年建成后担任这个实验室的第一任主任，直到 1879 年 11 月 5 日在剑桥逝世。

麦克斯韦主要从事电磁理论、分子物理学、统计物理学、光学、力学、弹性理论方面的研究。尤其是他建立的电磁场理论，将电学、磁学、光学统一起来，是 19 世纪物理学发展的最辉煌的成果，是科学史上最伟大的贡献之一。他预言了电磁波的存在。这种理论预见后来得到了充分的实验验证。他为物理学树起了一座丰碑。造福于人类的无线电技术，就是以电磁场理论为基础发展起来的。

麦克斯韦大约于 1855 年开始研究电磁学，在潜心研究了法拉第关于电磁学方面的新理论和思想之后，坚信法拉第的新理论包含着真理。于是他抱着给法拉第的理论“提供数学方法基础”的愿望，决心把法拉第的天才思想以清晰准确的数学形式表示出来。他在前人成就的基础上，对整个电磁现象做了系统、全面的研究，凭借他高深的数学造诣和丰富的想象力接连发表了电磁场理论的三篇论文：《论法拉第的力线》（1855 年 12 月至 1856 年 2 月），《论物理的力线》（1861 年至 1862 年），《电磁场的动力学理论》（1864 年 12 月 8 日）。对前人和他自己的工作进行了综合概括，将电磁场理论用简洁、对称、完美的数学形式表示出来，经后人整理和改写，成为经典电动力学主要基础的麦克斯韦方程组。据此，1865 年他预言了电磁波的存在，电磁波只可能是横波，并计算了电磁波的传播速度等于光速，同时得出结论：光是电磁波的一种形式，揭示了光现象和电磁现象之间的联系。麦克斯韦于 1873 年出版了科学名著《电磁理论》，系统、全面、完美地阐述了电磁场理论，这一理论成为经典物理学的重要支柱之一。在热力学与统计物理学方面麦克斯韦也做出了重要贡献，他是气体动理论的创始人之一。

知识小链接

分子物理学

分子物理学是研究分子的结构、分子的物理性质、分子间的相互作用，并以此为基础研究气体、液体、固体的物理性质，特别是与热现象有关的物理性质的一个物理学分支。分子物理学与物理学的其他分支如原子物理学、凝聚态物理学、物理力学，以及物理化学、化学动力学、量子化学等都有密切的联系。

分子结构涉及的不仅是组成它的各个原子（确切地说是原子核）的平衡几何配置，更重要的是分子各组成部分的相互作用——化学键合。分子的物理性质与分子的化学结构有关，因此研究分子的性质可以确定其化学结构。

量子力学是研究化学键本质、分子的物理性质，以及分子间相互作用的基本理论。1930 年以来，量子力学在这些问题的理论解释上有很大的进展。分子的量子力学——量子化学，是近代理论化学活跃的前沿之一。应用量子化学原理并配合电子计算机技术，直接计算分子的能级、状态波函数以及其他物理性质，已取得了显著的成就。

1859 年他首次用统计规律得出麦克斯韦速度分布律，从而找到了由微观两求统计平均值的更确切的途径。1866 年他给出了分子按速度的分布函数的新推导方法，这种方法是以分析正向和反向碰撞为基础的。他引入了驰豫时间的概念，发展了一般形式的输运理论，并把它应用于扩散、热传导和气体内摩擦过程。1867 年引入了“统计力学”这个术语。麦克斯韦是运用数学工具分析物理问题和精确地表述科学思想的大师，他非常重视实验，由他负责建立起来的卡文迪什实验室，在他和以后几位主任的领导下，发展成为举世闻名的学术中心之一。

他善于从实验出发，经过敏锐的观察思考，应用娴熟的数学技巧，从缜密的分析和推理入手，大胆地提出有实验基础的假设，建立新的理论，再使理论及其预言的结论接受实验检验，逐渐完善，形成系统完整的理论。特别是汤姆孙卓有成效地运用类比的方法使麦克斯韦深受启示，使他成为建立各种模型来类比研究不同物理现象的能手。在他的电磁场理论的三篇论文中多次使用了类比研究方法，寻找到了不同现象之间的联系，从而逐步揭示了科学真理。麦克斯韦严谨的科学态度和科学研究方法是人类极其宝贵的精神财富。

无线电之父——马可尼

“国际电信联盟”在1968年第23届行政理事会上决定把电联的成立日5月17日定为“世界电信日”，每年都开展纪念活动。我们不能忘记为发明无线电通信做出卓越贡献的先驱者——马可尼。

早在1844年，美国人塞约尔·莫尔斯发明了电报机，可是，那只是代表一定信息的符号，还不能传输话音，还不能解决无线通信。1864年伟大的英国数学家，詹姆斯·克拉科·麦克斯韦通过数学推导，预言了电磁波的存在，并建立了著名的“麦克斯韦方程”。方程说明了随时间变化的电场会产生磁场，而磁场随时间变化时又会产生电场，在交变的电磁场中，电场和磁场相互转换，不可分割，形成了电磁波，并以光速在空中传播。但是，要证明电磁波的存在，并不是一件容易的事情，要通过大量的实验来证明它。直到1887年，杰出的德国物理学家海

马可尼

因立西·赫兹经过5年的艰苦努力，在做了大量实验以后，第一次利用一对金属棒组成的偶极子天线连接到感应线圈的火花隙上而获得高频率的电磁波，证实了麦克斯韦这一天才的预言。使人们在很长一段时间里，一直把电磁波叫做“赫兹波”。直到今天，频率的单位仍然叫赫兹。但是，赫兹却断然否认了利用电磁波进行通信的可能性。他认为，若要利用电磁波进行通信，需要有一面面积与欧洲大陆相当的巨型反射镜。

不管怎样，赫兹的实验大大地鼓舞了各国的科学家，他们纷纷利用自己手中的实验来证实赫兹的结论。奥利费·洛奇在英国，亚历山大·斯捷藩诺维奇·波波夫在俄国，奥古斯特·瑞希在意大利……

奥古斯特·瑞希当时是波伦亚大学的物理教授，马可尼是瑞希的学生。

电磁波发现之初，人们还没有充分了解这一发现的伟大意义。直到1894年初，赫兹逝世，当时正在比埃拉山区的欧拉巴圣地度假的马可尼看到了瑞希为赫兹写的讣告后，深深地为这位科学家的逝世而惋惜。同时他似乎又预感到了将电磁波变成为人类服务的工具这一任务已落在他的肩上。

1895年，赫兹逝世的第二年，俄国的波波夫在1895年5月7日这一天，在彼德堡俄国的物理化学会的物理分会上，宣读了关于“金属屑与电振荡的关系”论文，并当众表演了他发明的无线电接收机。当他的助手在大厅的另一端接通火花式电波发生器时，波波夫的无线电接收机便响起铃来；断开电波发生器，铃声立即中止。全场欢呼了，长时间为他鼓掌祝贺。

无线电收发报机

几十年后，为了纪念波波夫这一天的跨时代创举，当时的苏联政府便把5月7日定为“无线电纪念日”。就在同一年的6月，年方21岁的意大利青年马可尼利用火花放电器、感应线圈和电键做成一个发射机。他对当时的金属检波器进行了改装，并加了天线，制成了一架接收机。他的无线电收发报机，通信距离达到了30米。他高兴极了。

马可尼来到他父亲的别墅里，他翻阅了各种资料和杂志上关于电波的实验文章，开始了一系列的试验。马可尼决心要把电波从实验室里搬出来，成为造福于人类的东西。他说："我似乎有这样一种直觉，即这些电波会在不远的将来供给人类以全新的和强有力的通信手段。"凭借着这些简陋的土设备，在进行了半年多的艰苦努力后，马可尼终于在无线电信息发射和接收上迈出了一大步，他将通信距离提高到两英里。

1896 年，俄国的波波夫义进行了通信表演，用无线电报在相距 250 米的距离上传送了"海因里希·赫兹"几个字，以此表示他对这位电磁波先驱者的崇敬，虽然当时通信距离只有 250 米，但它毕竟是世界上最早通过无线电传送的有明确内容的电报。

马可尼通信取得成功之后，马上写信给意大利的邮电部长，请求政府给予资助，以便将无线电迅速投入使用，但这位部长对这位不出名的学生的研究和建议置若罔闻，表示不感兴趣。马可尼无奈，只好带着他的收发报机，来到了英国。马可尼来到英国之后，他的成果立即引起了人们的重视，他申请了专利，并得到了英国邮政总局总工程师威廉·普瑞斯的热情支持。在他的帮助下，马可尼又在英国进行了多次的收发报表演，从邮政大楼到银行大楼之间的 300 英尺的距离的收发报表演，到为一群陆军和海军军官表演，向 2 英里（1 英里 = 1.61 千米）及 5 英里外的地方发送无线电信号，每一次都取得成功。在 1897 年时，他的表演最远已达到 10 英里。马可尼在英国取得成功的消息很快传

趣味点击　无线电技术传入中国

1897 年 5 月 2 日《时务报》第 25 册刊出译文《无线电报》，这是无线电报一词在中国的最早出现。自此，拉开了无线电报经由期刊传播的序幕。早期的无线电报技术传播主要以综合类期刊为主，多为介绍新鲜事物的文章，随后才出现了介绍原理的科技类论文，其中不乏最新的技术及发明的篇目。随着无线电报技术的发展，在期刊中传播的内容也有所变化，出现了诸多法令性的文章。从 1897 年期刊中传播的文章来看，已自成体系，为其今后专业期刊的出现以及学科建制的形成奠定了理论基础。

到了意大利，意大利政府开始对这位年轻人刮目相看。意大利政府立即邀请马可尼回国，要在斯培西亚建造一个发射站，以便能用无线电信号与海上12英里的兵舰联系。从此，整个世界开始逐步理解无线电波的实用价值。

马可尼以他极大的热情，雄心勃勃地进行科学实验，通信距离越来越远，实现了一个又一个目标。在1897年，他在伦敦组织了无线电报和信号公司，后来又改为马可尼无线电报有限公司。这一年的5月18日，马可尼进行横跨布里斯托尔海峡的无线电通信获得成功。

1898年，英国举行游艇赛，终点是距离海岸20英里的海上。《都柏林快报》特聘马可尼用无线电传递消息。游艇一到终点，他便通过无线电波，使岸上的人们立即知道胜负结果，观众为之欣喜若狂。1899年，马可尼用心研究，改进了他的设备，他找到了控制振荡频率的方法，这样他可以不断地随时选择不同的波长。他把天线越架越高，发射距离越来越远。马可尼第一次用无线电波，把英吉利海峡两岸联接了起来。英吉利海峡被马可尼征服了。

1900年，马可尼开始进行无线电波横越大西洋的实验，他在英属的牙买加的康沃尔架起200英尺（1英尺=0.305米）高发射塔，他又赶到加拿大的纽芬兰，距离3400千米。1901年12月12日，这一天，由于20根天线被大风刮倒，施放的气球也被吹跑，最后只好用风筝带上400英尺长的天线，在冰天雪地的加拿大收到了英国发来的莫尔斯码“S”的三点信号。马可尼说，这三点信号，用了六年准备，花去了20万美元。马可尼进行的横跨大西洋通信试验的成功，标志着无线电波进入了实用阶段。

马可尼成功地进行横跨大西洋的无线电通信试验以后，无线电技术得到了极其迅速的发展，各种无线电收发报机大量出现，使各国政府和部门都开始利用无线电波进行通信。随之而来的相互干扰出现了。各国都希望制定一个有约束力的、人人都遵守的法规。

1906年在柏林召开了第一次国际无线电报大会，有29个国家参加，签订了国际无线电公约。也就是那次会议上规定了海上求救信号为“SOS”。

1914年，第一次世界大战爆发，马可尼在意大利陆军和海军中服役，并进行了军事无线电研究，并且得到应用。大战结束后，他被意大利国王任命为全权代表参加世界和平大会。

马可尼一生致力将无线电造福于人类的研究，他的才干和努力使他一生中获得了惊人的成就，得到了各种荣誉。1909年，他荣获诺贝尔物理奖。马可尼留给人类的遗产就像无线电波编织的一张无形的巨网，把全世界都连在一起，无线电给人类开创了新时代，全人类也永远不会忘记这位伟大先驱的名字——马奇思·古利莫·马可尼。

1937年7月20日马可尼病逝于罗马，罗马上万人为他举行了国葬，英国邮电局的无线电报和电话业务为之中断2分钟，以表示对这位首先把无线电理论用于通信的先驱者的崇敬与哀悼。

伦琴的奇遇

1895年11月8日是一个星期五。晚上，德国慕尼黑伍尔茨堡大学的整个校园都沉浸在一片静悄悄的气氛当中，大家都回家度周末去了。但是还有一个房间依然亮着灯光。灯光下，一位年过半百的学者凝视着一叠灰黑色的照相底片在发呆，仿佛陷入了深深的沉思……他在思索什么呢？

原来，这位学者以前做过一次放电实验，为了确保实验的精确性，他事先用锡纸和硬纸板把各种实验器材都包裹得严严实实，并且用一个没有安装铝窗的阴极管让阴极射线透出。可是现在，他却惊奇地发现，对着阴极射线发射的一块涂有氰亚铂酸钡的屏幕（这个屏幕用于另外一个实验）发出了光，而放电管旁边这叠原本严密封闭的底片，现在也变成了灰黑色——这说明它们已经曝光了！

伦　琴

这个一般人很快就会忽略的现象，却引起了这位学者的注意，使他产生了浓厚的兴趣。他想：底片的变化，恰恰说明放电管射出了一种穿透力极强的新射线，它甚至能够穿透装底片的袋子。一定要好好研究一下。不过，既然目前还不知道它是什么射线，于是取名“X射线”。于是，这位学者开始了对这种神秘的X射线的研究。

他先把一个涂有磷光物质的屏幕放在放电管附近，结果发现屏幕马上发出了亮光。接着，他尝试着拿一些平时不透光的较轻物质，比如书本、橡皮板和木板等放到放电管和屏幕之间去挡那束看不见的神秘射线，可是谁也不能把它挡住，在屏幕上几乎看不到任何阴影，它甚至能够轻而易举地穿透15毫米厚的铝板。直到他把一块厚厚的金属板放在放电管与屏幕之间，屏幕上才出现了金属板的阴影——看来这种射线还是没有能力穿透太厚的物质。实验还发现，只有铅板和铂板才能使屏幕不发光，当阴极管被接通时，放在旁边的照相底片也将被感光，即使用厚厚的黑纸将底片包起来也无济于事。

接下来更为神奇的现象发生了，一天晚上伦琴很晚也没回家，他的妻子来实验室看他，于是他的妻子便成了在那不明辐射作用下在照相底片上留下痕迹的第一人。伦琴拍摄的第一张X线片当时伦琴要求他的妻子用手捂住照相底片。当显影后，夫妻俩在底片上看见了手指骨头和结婚戒指的影像。这一发现对于医学的价值可是十分重要的，它就像给了人们一副可以看穿肌肤的“眼镜”，能够使医生的“目光”穿透人的皮肉透视人的骨骼，清楚地观察到活体内的各种生理和病理现象。根据这一原理，后来人们发明了X光机，X射线已经成为现代医学中一个不可缺少的武器。当人们不慎摔伤之后，为了检查是不是骨折了，不是总要先到医

广角镜

X射线分类

1. 辐射分类

如果被靶阻挡的电子的能量，不越过一定限度时，只发射连续光谱的辐射。这种辐射叫做轫致辐射，连续光谱的性质和靶材料无关。

一种不连续的，它只有几条特殊的线状光谱，这种发射线状光谱的辐射叫做特征辐射，特征光谱和靶材料有关。

2. 波长分类

X射线波长略大于0.1~1纳米的被称作软X射线。波长短于0.01~0.1纳米的叫作硬X射线。硬X射线与波长长的（低能量）γ射线范围重叠，二者的区别在于辐射源，而不是波长：X射线光子产生于高能电子加速，伽马射线则来源于原子核衰变。

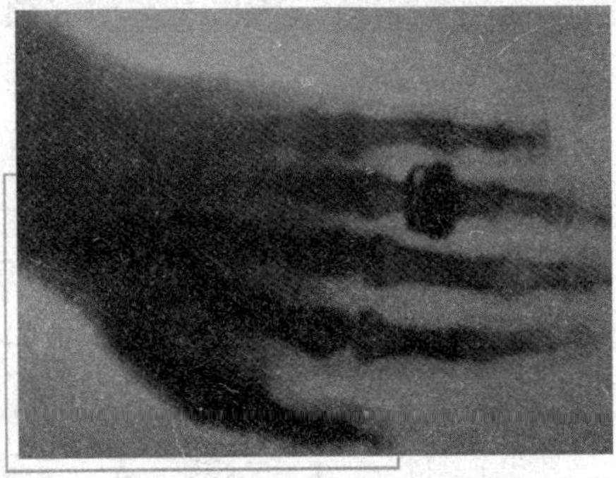
伦琴的第一张 X 光片

院去“照一个片子”吗？这就是在用 X 射线照相啊！

这位学者虽然发现了 X 射线，但当时的人们——包括他本人在内，都不知道这种射线究竟是什么东西。直到 20 世纪初，人们才知道 X 射线实质上是一种比光波更短的电磁波，它不仅在医学中用途广泛，成为人类战胜许多疾病的有力武器，而且还为今后物理学的重大变革提供了重要的证据。正因为这些原因，在 1901 年诺贝尔奖的颁奖仪式上，这位学者成为世界上第一个荣获诺贝尔奖物理奖的人。

人们为了纪念伦琴，将 X 射线命名为伦琴射线。

柏克勒尔的贡献

如果从纯粹科学的观点来看，继 X 射线这一重大发现之后，1896 年，汤姆生等人又有一个更重要的发现：当这些射线通过气体时，它们就使气体变成异电体，在这个研究范围内，液体电解质的离子说已经指明液体中的导电现象有着类似的机制。在 X 射线通过气体以后，再加以切断，气体的导电性仍然可以维持一会儿，然后就慢慢地消失了。汤姆生发现，当由于 X 射线的射入而变成导体的气体，通过玻璃棉或两个电性相反的带电板之间时，其导电性就消失了。这就说明，气体之所以能够导电，是由于含有荷电的质点，这些荷电的质点一旦与玻璃棉或带电板之一相接触，就放出电荷。

从这些实验可以明白，虽然离子是液体电解质中平常而永久的构造的一部分，但是，在气体中，只有 X 射线或其他电离剂施加作用时才会产生离子。如果顺其自然，离子就会渐渐重新结合乃至最终消失。玻璃面的表面很大，可能吸收离子或帮助离子重新结合。如果外加的电动势相当高，便可以使离子一产生出来就马上跑到电极上去，因而电动势再增高，电流也不能再加大。

伦琴的发现还开创了另一研究领域，即放射现象的领域。既然 X 射线能对磷光质发生显著的效应，人们很自然地就会提出这样的问题，这种磷光质或其他天然物体，是否也可以产生类似于 X 射线那样的射线呢？在这一研究中首先获得成功的是法国物理学家亨利·柏克勒尔。

柏克勒尔出身于科学世家，他的整个家族一直都在默默地研究着荧光、磷光等发光现象。他的父亲对荧光的研究在当时堪称世界一流水平，提出了铀化合物发生荧光的详细机制。柏克勒尔自幼就对物理学相当痴迷，他不止一次地在内心深处宣读誓言，一定要超出祖父、父亲所做出的贡献，为此，他做出了不知超过常人多少倍的努力。

那一天，当他冒着刺骨的冷风，参观完伦琴 X 射线的照片后，他既为伦琴的发现所激动，又为自己的无所建树而汗颜。他浮想联翩，猜想 X 射线肯定与他长期研究的荧光现象有着密切的关系。在 19 世纪末物理大发现的辉煌乐章中，柏克勒尔注定要演奏主旋律部分了。为了进一步证实 X 射线与荧光的关系，他从父亲那里找来荧光物质铀盐，立即投入到紧张而又有条不紊的实验中。他十分迫切地想知道铀盐的荧光辐射中是否含 X 射线，他把这种铀盐放在用黑纸密封的照相底片上。他在心里想，黑色密封纸可以避阳光，不会使底片感光，如果太阳光激发出的荧光中含有 X 射线，就会穿透黑纸使照相底片感光。真不知道密封底片能否感光成功。

基本小知识

铀

铀的原子序数为 92 的元素，其元素符号是 U，是自然界中能够找到的最重元素。在自然界中存在三种同位素，铀－234、铀－235、铀－238。均带有放射性，拥有非常长的半衰期（数亿年～数十亿年）。此外还有 12 种人工同位素（铀－226～铀－240）。铀在 1789 年由马丁·海因里希·克拉普罗特发现。铀化合物早期用于瓷器的着色，在核裂变现象被发现后用作为核燃料。

1896 年 2 月，柏克勒尔把铀盐和密封的底片，一起放在晚冬的太阳光下，一连暴晒了好几个小时。晚上，当他从暗室里大喊大叫着冲出来的时候，他激动得快要发疯了，他所梦寐以求的现象终于出现：铀盐使底片感光了！他又一连重复了好几次这样的实验，后来，他又用金属片放在密封的感光底片和铀盐之间，发现X射线是可以穿透它们使底片感光的。如果不能穿透金属片就不是X射线。这样做了几次以后，他发现底片感光了，X射线穿透了他放置的铝片和铜片。这似乎更加证明，铀盐这种荧光物质在照射阳光之后，除了发出荧光，也发出了X射线。

1896年2月24日，柏克勒尔把上述成果在科学院的会议上作了报告。但是，只过了五六天，事情就出人意料地发生了变化。柏克勒尔正想重做以上的实验时，连续几天的阴雨天，太阳躲在厚厚的云层里，怎么喊也喊不出来，他只好把包好的铀盐连同感光底片一起锁在了抽屉里。

1896年3月1日，他试着冲洗和铀盐一起放过的底片，发现底片照常感光了。铀盐不经过太阳光的照射，也能使底片感光。善于留心实验细节的柏克勒尔一下子抓住了问题的症结。从此，他对自己在2月24日的报告，产生了怀疑，他决心一切推倒重来。这次，他又增加了另外几种荧光物质。实验结果再度表明，铀盐使照相底片感光，与是否被阳光照射没有直接的关系。柏克勒尔推测，感光必是铀盐自发地发出某种神秘射线造成的。此后，柏克勒尔便把研究重心转移到研究含铀物质上面来了，他发现所有含铀的物质都能够发射出一种神秘的射线，他把这种射线叫做“铀射线”。3月2日，他在科学院的例会上报告了这一发现。他是含着喜悦的泪水向与会者报告这一切的。

居里夫人

后来经研究他又发现，铀盐所发出的射线，不光能够使照相底片感光，还能够使气体发生电离，放电激发温度变化。铀以不同的化合物存在，对铀发出的射线都没有影响，只要化学元素铀存在，就有放射性存在。柏克勒尔的发现，被称作“柏克勒尔现象”，后来吸引了许多物理学家来研究这一现象。

因研究这一现象而获得重大发现的是

在波兰出生后来移居法国的女物理学家居里夫人。她挺身而出，冲向研究铀矿石的最前沿。没有多久，皮埃尔·居里也加入了妻子的行列。他们不知吃了多少苦头，才相继提炼出钋、镭等放射性元素，引起了全人类的高度重视。居里夫人也因为这一卓越的研究工作，荣获了 1903 年诺贝尔物理学奖，1911 年诺贝尔化学奖也授予了她，她成了一生中两次获诺贝尔奖的少数科学家之一。

X 射线的发现，把人类引进了一个完全陌生的微观国度。X 射线的发现，直接地揭开了原子的秘密，为人类深入到原子内部的科学研究，打破了坚冰，开通了航道。

捕捉闪电

如果是运动的电荷——电流，那又将怎样呢？

在 17 世纪的时候，人们碰到过这样一桩稀奇的事情：一天，闪电击中了一家制造皮靴的作坊。雨过天晴，作坊里却发现所有的钉子和缝针全粘到铁锤和铁钳上去了。大家费了老半天的工夫，才把这些东西，一个个地取了下来。

为什么闪电会使这些铁器获得了磁性呢？这又是一个谜。

1681 年 7 月的一天，闪电又打在一艘航船上。它烧坏了船上的一些设备，可是更糟糕的是：船上的三个罗盘全失去了效用，水手们再也无法用它来判定方向。

闪电的瞬间

闪电又用了什么神秘奇妙的力量，使这些罗盘失去了磁性呢？

这只有在研究了闪电之后才能明白。根据科学的计算，地球上平均每天要打几百万次闪。闪最多的地方是印度尼西亚，在那里，几乎没有一天看不到闪光。

人们决心要搞清楚闪的本质。等知道了一些电的知识以后，很自然地，人们联想到闪会不会是带电云层之间放电的结果。我国古代的劳动人民，很早就注意到了这一点。在近代出土的殷商文物上，有一种漂亮的纹饰，叫作云雷纹，它说明人们早就知道了有云才有雷的道理。北宋时期的著名学者沈括，曾经得到过一个古铜器，古铜器上有许多用“云”和“雷”两个古字交替构成的花纹，沈括把它称之为“云雷之象”。可见雷与云确实是分不开的。

如果追溯到更早的年代，那么东汉的唯物主义思想家王充，在他的著作《论衡》中就曾经指出：“云雨至则雷电击”。可以说，他已经相当明确地指出了闪电的成因了。

> **趣味点击　海底闪电**
>
> 海底也有闪电，这是前苏联科学家在日本海底发现的。灵敏的电场仪表明，海底放电的频率与大气中闪电的频率相同，这使科学家大惑不解。因为按水文物理学规律，深层海水的导电性良好，理应与雷公电母无缘。
>
> 科学家经过反复试验，最后认为：电荷源实际上来自陆地上近海岸的空中，再经过岩石传导，一直深入到海底。但随着传导距离的增加，电量逐渐减少。因此海底测得的放电量一般是较弱的。

在国外，后来也有人作过类似的论断，并且为了弄清楚其间的关系，还曾经尝试过“捕捉”闪电。那是1753年的事情。俄国科学家罗蒙诺索夫和他的朋友李赫曼，把高高的铁杆竖上了屋顶，并且用导线小心地把它和屋子里的仪器连接起来。为了证实闪的确是电，导线必须和大地绝缘。但是，这样就导致了严重的后果。7月26日，满天乌云，一阵大雷雨就要来到。李赫曼匆匆地赶回家来，他要认真地看一看大气中放电的现象，证明罗蒙诺索夫论断的正确。

李赫曼走进放满仪器的屋子，他抬头向窗外望望，雷雨还远着呢！工作的责任心和认真的研究态度，使他不由自主地俯身下去对仪器做一番使用前的检查。就在这一刹那间，一个浅蓝色的拳头似的火球，向李赫曼的前额扑

罗蒙诺索夫雕像

去。他不声不响地倒下了，从此再也没有苏醒。

等到罗蒙诺索夫闻讯赶到的时候，已经无法挽救李赫曼的生命。这一沉重的打击没有阻挡罗蒙诺索夫探求真理的决心。他仔细地分析了事故的原因，吸取了教训。罗蒙诺索夫深刻地指出："……他用悲惨的实验这样地说明了雷电的力量是可能避免的，铁杆应该竖在雷电可能打到的空旷之处。……李赫曼先生的死是美丽的，在事业上，他履行了自己的崇高义务。"

罗蒙诺索夫勇敢地继续试验。1756 年 8 月，罗蒙诺索夫以确凿的证据，断定了闪是一种短暂的电流。就是这种短暂的"电流"，引起了前面讲过的严重的起磁和失磁！

1800 年 3 月，意大利物理学家伏打找到了制造电池的方法，从此人们能够用化学的方法来产生电流了。这使得研究工作得到了极大的方便。1820 年 7 月，丹麦的物理学家奥斯忒观察到了电流对磁针的影响：当导线中有电流通过的时候，导线附近的磁针发生了偏转。同年 9 月，法国的阿喇果把缝针放在绕着导线的玻璃管里，再让电流通过导线，使缝针获得了磁性。

闪电产生磁性的谜底找到了：原来运动的电荷——电流会产生磁。

总结——从赫兹振子到无线电

那时候，历史已经进入了 19 世纪的后半叶。随着工业生产的发展，有许多科学技术上的问题，迫切要求人们去解决，而在理论上，一些陈腐的科学概念已经不能适应当时的需要。物理学家们迫切感到应该从已经积累的丰富资料中，创立一个能够概括全部发现的理论。在这种情况下，人们开始了从实验研究进入理论探讨的阶段。

1873年，英国物理学家麦克斯韦在重病期间写成的一部巨著《电学和磁学》发表了。在这本书里，他综合了前人实践的经验，运用数学工具做出了创造性的结论：变化的电场会产生变化的磁场，变化的磁场会产生变化的电场，这种交替产生的电磁场，会像水波、声波一样由近而远地传播。这种波叫作电磁波，也就是通常所谓的电波。

对于水波，你当然是很熟悉的。站在池塘的边上，捡起一块石头，把它抛进水里。扑通一声，水面上激起了一个一个的圆圈，它使得水面上的浮萍忽上忽下地跳动起来，同时，圆形的水纹也不断地向四周扩散。这就是振动在水里的传播，也就是水波。水面上波的传播速度是很缓慢的，每个人都可以看得很清楚。电磁波也是这样。但是它跑起来的速度可比水波快得多。根据麦克斯韦的理论，我们可以很方便地算出电磁波传播的快慢来。

有趣的是，它跟以后用实验方法测定出来的光的速度，竟是完全一样的：每秒能跑30万千米。麦克斯韦在当时就已卓有远见地指出："光是一种按照电磁规律在场里面传播的电磁扰动。"这就是说，光也正是一种电磁波哩！

基本小知识

伏打

伏打，意大利著名物理学家。1745年2月18日生于意大利科摩，1827年3月5日卒于同地。伏打成年后出于好奇，才去研究自然现象。1774年伏打担任科摩大学预科物理教授。同年发明了起电盘，这是靠静电感应原理提供电的装置。伏打还研究了化学，进行各种气体的爆作试验。1774—1779年任科莫大学预科物理学教授，1779年他担任巴佛大学物理教授。1779—1815年任帕维亚大学实验物理学教授，1815年任帕多瓦大学哲学系主任。伏打于1769年发表了《论电的吸引》，1775年发明起电盘，1778年建立导体的电容 C、电荷 Q 及其张力 T（即电位差）之间的关系式：$Q=CT$。

麦克斯韦的电磁场理论引起了支持者和反对者之间激烈的争论。由于当时双方都只拥有理论的武器，缺乏实验的证据，出现了相互不能说服的局面，并且推动了实验方法的革新。

德国物理学家亨里奇·赫兹是最早用实验证明麦克斯韦理论正确的科学工作者。如果说，麦克斯韦预言了电磁波的存在，那么，赫兹不仅确确实实发现了电磁波，而且还研究了它的性质。他以自己卓越的才能，创造了世界上第一个人工产生电磁波的仪器——赫兹振子，为我们开拓了应用电磁波来为人类服务的道路。赫兹振子有两根通有高频交变电压的金属放电杆，每根杆的一端有一个金属做的小球。接通电路后，小球之间就会发出火花，同时也就出现了电磁波的发生和传播。在它附近放置一个带有小球的开口金属环，只要金属环的大小合适，环上的小球之间也会发生同样的火花。

1889 年初，俄国珞琅施塔得水雷学校的教员亚历山大·斯捷潘诺维奇·波波夫在参加理化协会一次例会的时候，看到了这个赫兹实验。遗憾的是在实验进行的过程中，尽管用幕布遮黑了整个大厅，但只有紧挨着仪器的会议主席，才勉强看到了微弱的火花。看来这样的仪器还不能在实际中应用。于是，波波夫开始努力探索改进的方法。1891 年，波波夫从文献中知道了法国的布兰里发现过一个很有趣的现象：当有电磁波产生的时候，装在玻璃管子里的金属粉末立刻就会活跃起来，它们紧紧地堆积在一起，让电流比较顺利地通过。英国的洛奇也知道了这件事，并着手去改进布兰里的“管子”。波波夫同样兴致勃勃地研究着这个现象，他认为这种管子应当有可能用来检验电波的发射。波波夫仔细地研究了不同成分和不同颗粒大小的粉末的性质，比较了有电波出现时各种粉末导电的本领，并且制造了各种不同形状和长度的管子，把电极放在不同的位置上去考察所得的结果。经过了无数次的尝试和实验，最后，波波夫制成了一架能够接收远处传来的电波的仪器——雷电指示器。以后他又用“金属屑检波器”实现了短距离内无线电的发送和接收。

斯捷潘诺维奇·波波夫

奇异的“秋千”

当然，要使电磁波能远涉重洋，绝不是一件十分简单的事。它必须要有迅速变化的电场和磁场。怎样才能获得迅速变化的电场和磁场呢？用法拉第的那个抽插磁铁的办法，当然是不行的。因为这样的变化太慢了。缓慢变化的电磁场有一种古怪的脾气，它不爱出门，到不了离家太远的地方。最好的办法是让电荷荡起“秋千”来。

电荷怎么会荡秋千呢？

会的！但是它必须得有特殊的“秋千架”。让我们来讲一讲这种古怪的“秋千架”吧。

它可不是你所常见的木头秋千架。最早的式样是一个瓶子和一只铜叉。瓶子能做成秋千架，这真是新鲜不过的事情。还在18世纪中叶的时候，在荷兰莱顿城，有人发明了一种瓶子，可以存贮电荷。人们就把它称为“莱顿瓶”。莱顿瓶实际上就是里外都贴了一张金箔的玻璃瓶，后来因为不一定要把它做成瓶子的形状，中间也不一定要隔一层玻璃，因此慢慢地，大家就把这种装电的容器叫作“电容器”。

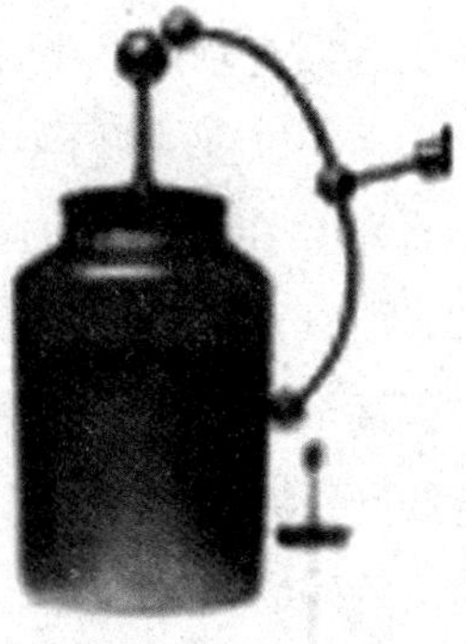

盛电的“莱顿瓶”

电容器装满了电之后，两片金箔或者两块金属板上就分别带上了正、负两种电荷，我们把它们叫作正极板和负极板。正、负电荷是要互相吸引的，因为隔了一层玻璃、云母、蜡纸之类的绝缘物质，无路可通，所以不能跑到一起去。倘若使用一根导线做成的线圈，跨接到电容器的两块极板上，那么电荷就可以沿着导线畅通无阻了。这种运动的电荷是电子。电荷通过导线的时候，导线中就有了电流。

但是电子的先头部队并不多，慢慢地才是大队人马向正极板奔去，又由于极板上没有后援，所以电流是慢慢地增大，又渐渐地减小。一句话，导线中通过的是变化的电流。变化的电流就会产生相应的磁场，因此线圈的磁场慢慢地强起来，又渐渐地弱下去。

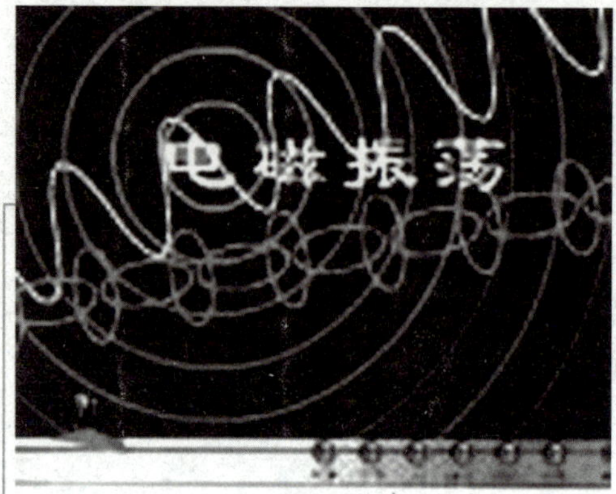

电磁振荡示意图

这是变化的磁场。变化的磁场是会引起电流的。这个电流使正、负极板上的电荷中和之后还不肯罢休，它使过多的电子堆积到了原来的正极板上。这样，原来的正极板上又多出了负电荷，变成了负极板；原来的负极板却因为失去了电子——负电荷，而变成正极板了。这样的结果等于又使电容器充了电，不过现在正、负极板的位置对调了。因为线圈一直跨接在电容器的两块极板上，所以，紧接着，刚才的那个过程又重复发生了：负电荷沿着导线向正极板奔去，同时产生了电流的磁场。最后，正极板又变成负极板，负极板却成了正极板。

就这样，电场和磁场交替地变化着。这种变化进行得非常之快，每秒几十万次、几百万次，以至几千万次以上。电荷来回不停地奔跑，就好像钟摆来回不停

广角镜

自由电子雷射

自由电子雷射将相对论性电子束通过一对波荡器。每一个波荡器是由一排交替方向的磁场的磁耦极矩组成。由于这些磁场的作用，电子会发射同步辐射；而这辐射会同调地与电子相互作用。当频率匹配共振频率时，会引起辐射场的强烈放大。自由电子雷射能够发射同调的高辐射率的电磁辐射，而且频域相当宽广，从微波到软 X 射线。不久的将来，这种仪器可以应用于制造业、通信业和各种医疗中，像软组织手术。

地走动，我们把它称为“电磁振荡”。每秒钟电荷来回奔跑的次数越多，我们就说它振荡的频率越高。

产生高频率的电磁振荡，是获得电磁波的先决条件。但是，实现了高频率的振荡，还不一定能把电磁波传向远方。

关在盒子里的蟋蟀叫声不响亮，关上了门窗喊话的声音就传不开，要让电磁波传向远方，也应当替它打开“门窗”。为了这个目的，人们筑起了高高的铁塔，把一根金属电线挂到天上。并且给这样的电线取了一个名字，把它叫作“天线”。

天线实际上就是电容器的一块极板，电容器的另一块极板，则深深地埋在地下。既有了高频的振荡，又有了辐射的天线，这样，电磁波就可以随心所欲、展翅飞翔了。

电传视觉的尝试

世界上第一个想用电来传递视觉的尝试，说来也真有趣，它竟是这样开始的：化学药品中的氯化银不是具有感光的本领吗？于是人们设想，它的感光的特性有没有可能像电一样习用导线送到遥远的地方。

人们企图把一张底片分割成许多个小块，并且用无数对导线把它跟另一张同样的底片连接起来，希望在摄下某个镜头的感光过程中，会有电的效应沿着导线传送出去，并引起另一张底片也摄下这一个景象。

象素的形象图

毫无疑问，这样的尝试最终是失败了。因为它并没有正确地利用光电效应。而且事实上也存在着许多困难，我们怎么能够设想把一张底片分割成为无数细小的部分，而又能一对对地用数以百万计的导线连接起来呢！

但是，尝试的失败往往要求

我们进行耐心的分析。因为在失败的教训中，常常包含着有益的启示。让我们拿一帧黑白照片，放到显微镜下去观察一下吧。你立刻就能看到，那上面尽是密密麻麻黑白相间的斑点，只不过有些地方黑色的斑点大些、密些，有些地方黑色的斑点小些、稀些罢了。这就是说，一张照片，实际上竟是黑点和白点的组合，是它们构成了不同的明暗和色调。因此，人们把这些细小的黑白点子，叫作“像素”。

一帧美丽的照片，既然是许多象素的组合，那么，把它们一个个分离开来，并且设法制造一种设备，根据每个象素光亮的程度变成电，并把传送出去的电再还原成象素并拼凑起来，那岂不是达到了用电传送图像的目的。因此，用电传送图像并不是不切实际的空想，而只是需要勇敢和毅力去解决许多具体的问题。这样，广大的科学工作者们又开始了新的探索和尝试。

当人们进一步发展了截割画面的设想并且应用“光电管”来实现光—电转换的时候，以传送静止的图像为特征的“传真技术”，正式跨入了我们生活的大门。电视和电话的结合。随着黑白电视、彩色电视、立体电视的诞生和发展，展现在电视技术前面的，是一条无限广阔的道路。

近几年里，电视已经和电话结合起来，组成了一种很有用的新设备，叫作“电视电话”。“如闻其声，如见其人”，可以说是电视电话最好的写照。电视电话当然离不开摄像和显像，实际上，它等于是在电话机之外再增加了一台电视摄像机和接收机。为了获得最清晰的图像，你可以通过转换开关的控制，在自己一方的屏幕上

拓展阅读

图文电视

图文电视是一种电视广播的附属业务。图文电视是在模拟电视系统中，电视屏幕每秒显示25帧电视信号，每帧625行，每行从屏幕左侧扫到右侧，每帧分两场从屏幕上边扫到下边。每帧625行中实际显示在屏幕上的只有575行，还有50行是逆程，是看不到的。逆程通常除了用来传输测试信号外还可用来传输额外的数据信息，包括图形、文字。在接收端观众使用专用的图文电视解码器可以在屏幕上收看到所传送的信息。

看到自己打电话时的形象，并把它调节到最理想的状况，使对方能清清楚楚地看得到你。然后，开关一撳，屏幕上就会展现出对方的情景，使你看得见他的音容笑貌。因为打电话的时候，人的位置还可能不断地移动，所以摄像机能够上、下 90 度，左、右 270 度地调节镜头的位置，保证图像和声音一样都持续不断。

电视电话

这种电话，除了可以面对面地相互交谈之外，还可以用来召开会议。这时候与会者就不必匆匆赶到会议桌旁去参加会议了。电视电话还将被用来传递图表和文件，它将比最快的邮件还要快得多。

前不久，在我国还完成了把电视电话用于临床诊断、病区监护、院际会诊的试验。人们从荧光屏上看到了心电图的波形、X 底片上的病灶，并且还能用来查病房，下医嘱和指挥抢救。按照同样的道理，你一定不难想象，为什么今天在工业生产、交通运输方面，是这样广泛地应用着电视技术了。譬如说，人们把摄像机装到轧钢机的旁边，它就可以把钢坯的位置显示在中心控制室的电视接收机屏幕上，使你可以随时监视校正；如果把摄像机安装在车辆调度场上，而把图像传送到调度室去，调度员就能够得心应手地迅速处理车辆的进进出出。

寻根究底

不用导线怎么会把声音和图像等信息传到远方呢？依靠的是无线电波。实际上我们周围存在着各种各样的无线电波，可是我们肉眼看不见、手摸不着，却有这么大的能耐，起着各种不同的作用，到底是什么东西呢？

电，我们已知道了，电厂发出的电和电池里发出的电，都是我们日常接触到的。磁，我们也是知道的，我们曾用磁铁吸起铁针，将指南针靠近磁铁，指南针会偏转，这都是我们常常看到的现象。无线电波就是电和磁密切合作产生出来的，不是什么魔法，很多科学家经过很长的时间和无数次实验才发现这个秘密。

让我们做几个简单的实验，来看一看电和磁密切的关系吧。找一个有几百圈以上的空心线圈，一根条形的磁铁和一个检流计（指针“0”位在当中的电流表），把线圈的两端和检流计连接起来，连接好后就可开始做实验了。将磁铁快速插入线圈里，在插入的一瞬间检流计指针会向一方偏转。磁铁插入后不动，检流计的指针恢复原位不动。我们再将磁铁很快抽出，在抽出的一瞬间，检流计的指针又偏转起来，但却是向另一方向偏转。如果不停地将磁铁插入、抽出，检流计的指针就会不停地向 0 位两边左右摆动。

这个实验，我们看到线圈上并没有接通任何电流，然而检流计只在通过电流时指针才会偏转，这电流是哪里来的呢？

原来是磁铁在线圈里插入、抽出运动时使线圈感应产生的，磁铁不动时，线圈不会产生感应电流，磁铁运动方向相反时，线圈产生的感应电流方向也相反，所以检流计指针不断地做相反的交替摆动。这个实验证明，运动的磁场能使线圈产生感应电流。

再来做另一个实验。仍然用这个线圈，另外找一节干电池和一个指南针，将指南针靠近线圈就可开始实验，把线圈

拓展阅读

电磁波治疗应用

“特定电磁波谱”是由特定的加热器对治疗板产生的波长范围在 2～25 微米，强度范围内分布的特定电磁波，当人体匹配接收后与体内细胞所含相同物质产生谐振，因而可增强微循环作用，促进新陈代谢，产生对人体病变的修复，使病患者能迅速康复，非病患者能提高自身的抵抗能力。

有许多医院在经大量临床试验的基础上，确认特定电磁波谱的照射可应用于治疗颈椎病，腰椎间盘突出、腰痛，腰肌劳损，风湿关节炎，坐骨神经痛，面神经麻痹，术后伤口愈合，外伤感染，冻疮，胃炎、横隔膜痉挛、神经性皮炎、湿疹，偏头痛、头痛、痛经，痔疮等。

两端分别接到电池的正、负极上，在接通后指南针即发生偏转。断开接线，指南针即恢复原位。再把线圈两端交换一下接到电池两极上，指南针又发生偏转，但偏转的方向相反。

这个实验，我们看到线圈本身没有任何磁场，然而指南针只有受磁场的影响才会偏转，这磁场是哪里来的呢？原来是线圈通过电流时产生了磁场，才使指南针偏转。这个实验证明了：线圈通过电流能产生磁场，如通过的电流方向相反，磁场方向也相反。

从上面两次实验知道，变化的磁场能使线圈产生感应电流，线圈上变化的电流能使线圈产生变化的磁场。单是电与磁不会产生无线电波，必须使磁场和电场密切合作，相互转换，形成一个整体——电磁场，才能发展成无线电波。

电磁波同样也有波长，而且波长的范围很大，从不到 0.1 毫米到几百兆米。怎样才能知道波长是多少呢？原来电磁波跑得极快，在空间的传播速度约 30 万千米/秒，相当于每秒环绕地球 7 周多。电磁波每秒的电磁振荡次数叫作频率，单位是赫兹（简称“赫”）。频率越高，必然波峰与波峰之间的距离越短，即波长越短；频率越低，必然波峰与波峰之间距离越长，即波长越长。这样，我们找到了波长和频率的关系，电波的速度 30 万千米/秒是个常数，把它作为分数的分子（即作为被除数），如果要从已知的波长数（单位“米”）来找频率数（单位“千赫”），可将波长数作为分母去除 30 万就得出相应的频率数了。例如波长 300 米的电波，经过换算就找出电波的频率是 1000 千赫。已知频率数能换算出波长数，同样将频率数（千赫）作为分母就可以。

光线怎样产生电流

在 19 世纪 80 年代，人们就已经发现了许多有趣的现象：一块带有负电的锌板，被光照了一下，电荷不见了，一个火花跳不过去的间隙，被光照了一下，炫目的火花就发生了。光线为什么具有这么巨大的魅力？难道它吞吃了锌板上的电子？难道它改变了空气的性质？难道……这一系列的问题，引起了人们巨大的兴趣。

不少人决心揭破这个引人入胜的秘密，但问题是该从哪里下手？

在实践中，人们逐渐想到，会不会是光线给予了锌板之类的东西以一种奇特的打击？

科学的设想要用实验来证实。于是，有人用剪刀在光滑的锌板和另外一块铜丝网上各剪下一个直径7寸的圆片，并用架子把它们固定在桌子上，中间稍稍隔开一点距离。然后，又把电弧放映灯搬来。

实验开始之前，他们先把一个电池和电流计跟锌板与铜丝网连接起来。锌板接着正极，铜丝网接着负极。这时电流计里的指针正好指在“0”字上。本来嘛，一个切断着的电路怎么会有电流通过呢？

实验开始了，用一道强烈的白光直接向铜丝网和锌板射去。实验的主持者站在电流计旁，聚精会神地注视着。他发现，电流计中的指针似乎微微地动了一下，可是以后却什么也没有了。也许是这种偏转实在太小了吧，不要说站得稍远一点的助手不曾看见，就是谁紧紧地盯着指针，一不当心也会疏忽过去。在那个时候，谁也不会想到这轻微的一动，竟会是伟大发明的前兆。

可是任何一个严谨的科学工作者都不会轻易放过一个异常的细小现象。于是他仔细而认真地思索起来：指针为什么会摆动一下呢？为什么它又不老指在某一刻度上？电池上不是有正、负两个电极吗，会不会是它们对光的“敏感”程度不一样呢？

想着想着，心头似乎一亮。接着，他更换了线路上的两个接头，又重新试验起来。这下子锌板变成负极而铜丝网变成正极了。当强烈的弧光再度穿过铜丝网的空隙落到锌板上的时候，说也奇怪，指针竟明显地偏转到一边去了。这就是说，

拓展阅读

电流密度

电流密度是一种度量，以矢量的形式定义，其方向是电流的方向，其大小是单位截面面积的电流。采用国际单位制，电流密度的单位是“安培/平方毫米”。用方程表达 $J=I/s$。其中（I）是电流，（J）是电流密度，（s）是截面矢量。

一条明明被切断着的电路，在光线的照耀下，现在居然自动接通了。

从此，在科学发展的历史上，又增添了新的一页。光能够产生电流。

这是 1888 年 2 月的事情。但是秘密并不曾全部揭开。为什么电源的正、负极性影响这么巨大呢？如果是光线"吹走了"铜丝网上的正电荷，那么为什么刚才又不曾"吹走"它的负电呢？

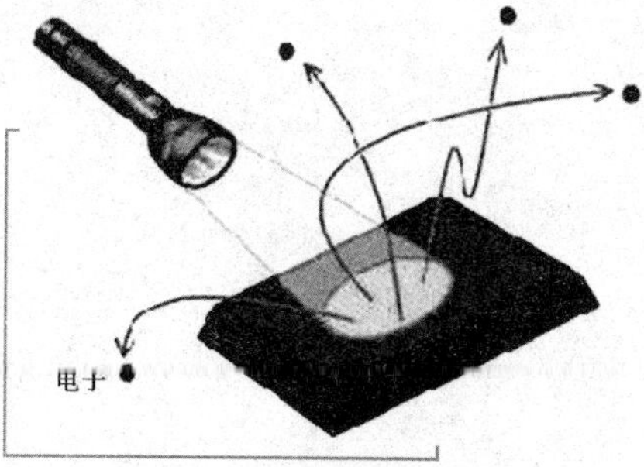

光电效应示意图

步步深入的分析，使人们逐渐认识到应当把着眼点放在带负电的锌板上。铜丝网在带负电时所以没有产生巨大的电流，是因为它"兜"不住很多光线的缘故。一个星期以后，正确的结论得到了。"电弧的射线，落在带负电物体的表面上，就失去了电荷。这种射线的作用仅仅影响带负电的锌片。射线是不会带走正电荷的"。

科学家们不久以后就知道了，把电荷从锌板上打下来的主要是紫外线，并且发现从锌板上反射出来的光是不会再打下电子来的。因此，关键在于被金属所吸收的光线。只要控制好光线的照射，就有可能把光变成电流。

这种光和电的奇妙联系，后来就被物理学界命名为"光电效应"，并且开始被人们制成一种叫做"光电管"的器件。光电管是这样的一种装置：它的外形很像只灯泡，里面有一个感光灵敏的阴极和环状的网形阳极。它的作用恰好跟灯泡相反，灯泡把电能变成为光，光电管却把光变成电流。当光线落到光电管阴极上的时候，电子立刻从阴极上跳下来，向阳极奔去。从光的照亮到电流的形成，两者之间只差大约 1/3000000 秒的时间。由于光电管的反应灵敏，而且永远也不会疲劳，所以很快就在各个领域广泛地应用起来。

在工厂里，人们把光电管安装在传送带上，产品经过的时候，截断了投射到光电管上的光线，于是计数器就自动记下一个号码，这样就不必专人去清点产品的件数了。光电管的诞生，不但为自动控制并且也为电传视觉的研究打开了大门。

电波的家族成员

电波家族是一个庞大的群体，按照波长由短到长可以分为γ射线、X射线、紫外线、可见光、红外线、远红外线、微波、无线电波等。其中以无线电的波长最长，宇宙射线的波长最短。其中，无线电波还可以再进行细分。

电波的家族成员众多，我们生活的环境都处于电波的包围之中，与每个人都有关系的紫外线、可见光，无意中就能使用到的无线电，等等。

随着人类技术水平的提高，会不会发现其他的电波成员呢？这个没有一定的答案，也许宇宙中还存在未被人类发现的电波呢。

趣谈无线电波

◎无线电波是声波吗

无线电波示意图

尽管收音机常常被用来收听音乐，而实际上被传送到收音机的波是电磁波。无线电波不是声波，然而在某种情况下，它们将信息传送到收音机而产生声波。一旦天线接收到无线电波，收音机内部的电路系统将这种电磁波转换成电信号，电信号发送到扬声器并被转换成我们耳朵能接收到的声波。天线如何能发射和接收无线电波、电视信号和无线电信号，天线是如何被用来发射和接收电磁的无线电波的？

发射天线产生电子振动，振动的电场产生振动的磁场，导致了电磁波的传播。当接收机被调整到一个特定的频率时，无线电波在接收天线中感应到一股电流，这股电流被发送到无线电接收机中，并使我们可以听到，看到了。

知识小链接

收音机

收音机由机械器件、电子器件、磁铁等构造而成，用电能将电波信号转换并能收听广播电台发射音频信号的一种机器。又名无线电、广播等。

无线电波的家族成员

我们已经知道，无线电波是电磁波的一种，人们用它携带着各种信息在空间以波动的形式传播。所有电磁波在真空中的传播速度都一样，都是30万千米/秒。电磁波的特征用频率、波长来表示。频率是指电磁波在一秒钟内波动的次数，单位为“赫”；波长则是指电磁波波动一次在空间传播的距离。容易知道，频率等于速度除以波长。于是波长越长，频率越低。用于通信的无线电波根据波长和频率，可分为超长波、长波、中波、短波、超短波、微波等波段（也称频段）。各个波段的无线电波组成了一个无线电波家族，它们为人类通信做出了各自的贡献。

◎超长波：水下通信显身手

一般无线电波，在空中可以远走千里，到了水下却寸步难行。试验表明，无线电波在海水中的衰减是很大的，而且频率越高衰减就越大。由此可见，海底通信用的无线电波频率越低越好，也就是说波长越长越好。超长波，也称超低频，频率范围是30～300赫，它是无线电波中波长很长的一种电磁波，特别适用于水下通信。活动于海面下的潜水艇，选用的通信频率就为55赫左右。但超长波的长波发射天线极其复杂庞大，而且由于频率太低，超长波的容量极为有限。核爆炸时会产生出超长波，所以用超长波天线能够测出在任何地方进行的核爆炸试验。

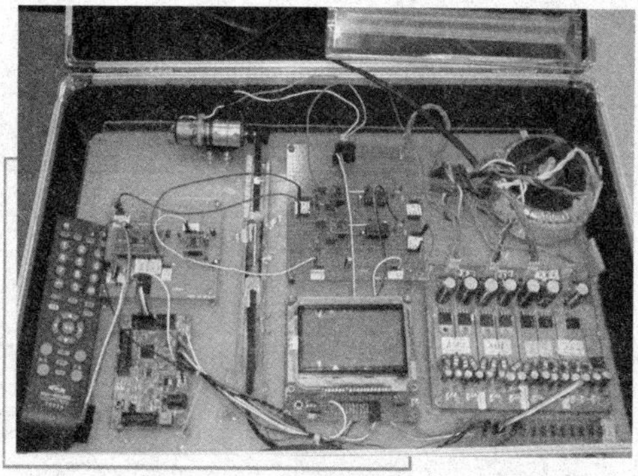

水下通信系统

◎长波：老资格的信息载体

无线电广播示意图

长波也称低频，是人们最早使用的通信波段，它已为人类服务了近100年。近年来，由于其他波段的通信方式日益成熟，长波通信逐渐被淘汰。然而，许多国家仍然保留着长波通信，因为任何通信系统都有可能出现故障或受到意想不到的干扰，只有多样化的通信网，才能保证无论在平时还是在战时信息传输畅通无阻。

现在许多国家还设有长波导航台，导航台的任务是在各种复杂的条件下，引导舰船和飞机按预定线路航行。著名的长波导航系统——罗兰导航系统，工作频率为90～110千赫，现在仍在广泛地使用。

长波通信的另一个重要应用是报时，我国也设有长波报时台。

◎中波：大众媒介的信息渠道

中波的频率范围在300～3000千赫，这是人们熟悉的波段。国际电信联盟规定526.5～1605.2千赫专供无线电广播用，我们平时就是在这个波段收听中央人民广播电台和本地广播电台的节目。

从理论上说，不同的电台使用的广播频率至少应相隔20千赫。全世界有极其众多的中波广播电台，我国每个省及大、中城市都有中波广播电台，有的城市还有多个中波广播电台，所以中波波段似乎远远不能满足需要。好在白天中沿地面只能传输几百千米，再远就收不到了，所以不同城市的中波广播电台即使频率重复也可相安无事。然而在夜里，中波却就可以传得较远，所以在夜间收听中波广播，时常会出现串台现象。

中波波段中的高频端（2000～3000千赫），专供近距离无线电话使用。

◎ 短波：欢跳着奔向远方

约在地面50千米上空，有一电离层，它是太阳辐射的产物。这一高度的大气层，由于其中的气体分子受到太阳辐射出来的紫外线照射后，产生了大量自由电子和离子，这个过程称为“电离”，故有“电离层”之称。

电离层对中波或长波十分“热情”，“来者不拒”，请它们统统留下，而对短波却毫不客气，将它“拒之门外”，于是短波被反射回地面。短波被反射回地面后，又被地面反射回空中。这样，短波就在地面与电离层之间来回跳跃，沿着地球弯曲的表面，把信息传到遥远的地方。短波广播能远距离传送，就是这个道理。

短波通信的特点是设备简单，灵活机动，发射功率无须很大，却能传到很远的地方。它的主要不足之处在于通信不够稳定，原因是电离层经常变化，还有太阳黑子、磁暴等的干扰。

◎ 超短波：电视的信使

超短波波长在1～10米，故又称为米波，由于频率较高，所以通信容量较大，可以传输大容量的电视信号。我国最初确定的12个电视频道在48.5～92兆赫和167～223兆赫，每个频道带宽8兆赫。超短波除了用来传送电视信号之外，还有一部分用于高质量的调频广播。调频广播比普通中波广播抗干扰能力要强得多，雷电、电火

拓展阅读

无线电导航

无线电导航主要利用电磁波传播的基本特性：电磁波在在均匀理想媒质中，沿直线（或最短路径）传播；电磁波在自由空间的传播速度是恒定的；电磁波在传播路线上遇到障碍物或在不连续媒质的界面上时会发生反射。

无线电导航就是利用上述特性，通过无线电波的接收、发射和处理，导航设备能测量出所在载体相对于导航台的方向、距离、距离差、速度等导航参量（几何参量）。通过测量无线电导航台发射信号（无线电电磁波）的时间、相位、幅度、频率参量，可确定运动载体相对于导航台的方位、距离和距离差等几何参量，从而确定运动载体与导航台之间的相对位置关系，据此实现对运动载体的定位和导航。

花等均对其不产生影响，因此，音质特别好。

微波的接力赛

微波的传播方式和长波、短波都不一样。长波沿着地面传播，并且具有绕射的能力，同时由于波长较长，地面吸收较慢，所以它能够传得比较远。短波被地面吸收得快，如果让短波沿着地面传播，便传不远，一般只有几十千米。但是，如果把短波射向高空的电离层，再由电离层反射到地面上来，就可以传到1000 千米之外的地方。微波既不能绕射，也不能被电离层反射，而是按直线前进的。大家知道，地面是一个球面，如果接收天线离发射天线比较远，两者之间就好像有一座拱形大桥挡着，直线前进的电波就过不去了。所以微波在地球上的直线传播距离比较短，一般只有几十千米。

微波的形态

可是和长波、中波比起来，微波有一个特殊的优点，就是它的频带宽度最大，是长波加短波的频带宽度的10 万倍，可以容纳非常多的电台。有些占用频带较大的无线电技术（例如电视广播），就非用微波传送

拓展阅读

微波加热的原理

微波是频率在300 兆赫到300 千兆赫的电波，被加热介质物料中的水分子是极性分子。它在快速变化的高频电磁场作用下，其极性取向将随着外电场的变化而变化。造成分子的相互摩擦运动的效应，此时微波场的场能转化为介质内的热能，使物料温度升高，产生热化和膨化等一系列物化过程而达到微波加热干燥的目的。

不可。有没有办法让微波跑得更远呢？例如，首都北京传送的电视节目，能不能让全国各地的人都能看到呢？

有！科学家们想出了“接力赛”的办法，就是从北京开始，每隔四五十千米，建立一个微波接力站（又叫“中继站”），它自动地把前一个站的信号接收下来，放大、转发。微波是指频率为300兆赫～300吉赫的电磁波，是无线电波中一个有限频带的简称，即波长在1米（不含1米）到1毫米之间的电磁波，是分米波、厘米波、毫米波的统称。微波频率比一般的无线电波频率高，通常也称为“超高频电磁波”。微波作为一种电磁波也具有波粒二象性，微波量子的能量为1.99×10^{-25}焦～1.99×10^{-22}焦。

◎微波的性质

微波的基本性质通常呈现为穿透、反射、吸收三个特性。对于玻璃、塑料和瓷器，微波几乎是穿越而不被吸收。对于水和食物等就会吸收微波而使自身发热。而对金属类东西，则会反射微波。

一、穿透性

微波比其他用于辐射加热的电磁波，如红外线、远红外线等波长更长，因此具有更好的穿透性。微波透入介质时，由于介质损耗引起的介质温度的升高，使介质材料内部、外部几乎同时加热升温，形成体热源状态，大大缩短了常规加热中的热传导时间，且在条件为介质损耗因数与介质温度呈负相关关系时，物料内外加热均匀一致。

二、选择性加热

物质吸收微波的能力，主要由其介质损耗因数来决定。介质损耗因数大的物质对微波的吸收能力就强，相反，介质损耗因数小的物质吸收微波的能力就弱。由于各物质的损耗因数存在差异，微波加热就表现出选择性加热的特点。物质不同，产生的热效果也不同。水分子属极性分子，介电常数较大，其介质损耗因数也很大，对微波具有强吸收能力。而蛋白质、碳水化合物等的介电常数相对较小，其对微波的吸收能力比水小得多。因此，对于食品来说，含水量的多少对微波加热效果影响很大。

三、热惯性小

微波对介质材料是瞬时加热升温，能耗也很低。另一方面，微波的输出功率随时可调，介质温升可无惰性地随之改变，不存在“余热”现象，极有利于自动控制和连续化生产的需要。

◎微波的热效应

微波对生物体的热效应是指由微波引起的生物组织或系统受热而对生物体产生的生理影响。热效应主要是生物体内有极分子在微波高频电场的作用下反复快速取向转动而摩擦生热，体内离子在微波作用下振动也会将振动能量转化为热量，一般分子也会吸收微波能量后使热运动能量增加。如果生物体组织吸收的微波能量较少，它可借助自身的热调节系统通过血液循环将吸收的微波能量（热量）散发至全身或体外。如果微波功率很强，生物组织吸收的微波能量多于生物体所能散发的能量，则引起该部位体温升高。该部位组织温度升高将产生一系列生理反应，如使局部血管扩张，并通过热调节系统使血液循环加速，组织代谢增强，白细胞吞噬作用增强，促进病理产物的吸收和消散等。

解密红外线

红外线是太阳光线中众多不可见光线中的一种，由英国科学家霍胥尔于1800年发现，又称为红外热辐射，他将太阳光用三棱镜分解开，在各种不同颜色的色带位置上放置了温度计，试图测量各种颜色的光的加热效应。结果发现，位于红光外侧的那支温度计升温最快。因此得到结论：太阳光谱中，红光的外侧必定存在看不见的光线，这就是红外线。也可以当作传输之媒介。太阳光谱上红外线的波长大于可见光线，波长为0.77～1000微米。红外线可分为三部分，即近红外线，波长为0.77～3.0微米之间；中红外线，波长为

3.0～30.0 微米之间；远红外线，波长为 30.0～1000 微米之间。

◎ 红外线的物理性质

在光谱中波长 0.77～1000 微米的一段称为红外线，红外线是不可见光线。所有高于绝对零度（－273℃）的物质都可以产生红外线。现代物理学称之为热射线。医用红外线可分为两类：近红外线和远红外线。

近红外线或称短波红外线，波长 0.77～3.0 微米，穿入人体组织较深，约 5～10 毫米；远红外线或称长波红外线，波长 30.0～1000 微米，多被表层皮肤吸收，穿透组织深度小于 2 毫米。

◎ 红外线的生理作用和治疗作用

人体对红外线的反射和吸收：红外线照射体表后，一部分被反射，另一部分被皮肤吸收。皮肤对红外线的反射程度与色素沉着的状况有关，用波长 0.9 微米的红外线照射时，无色素沉着的皮肤反射其能量约 60%；而有色素沉着的皮肤反射其能量约 40%。长波红外线（波长 30 微米以上）照射时，绝大部分被反射或为浅层皮肤组织吸收，穿透皮肤的深度仅达 0.05～2 毫米，因而只能作用到皮肤的表层组织；短波红外线（波长 3 微米以内）以及红色光的近红外线部分穿透组织最深，穿透深度可达 10 毫米，能直接作用到皮肤的血管、淋巴管、神经末梢及其他皮下组织。

红外线红斑：足够强度的红外线照射皮肤时，可出现红外线红斑，停止照射不久红斑即消失。大剂量红外线多次照射皮肤时，可产生褐色大理石样的色素沉着，这与热作用加强了血管壁基底细胞层中黑色素细胞的色素形成有关。

红外线的治疗作用：红外线治疗作用的基础是温热效应。在红线照射下，组织温度升高，毛细血管扩张，血流加快，物质代谢增强，组织细胞活力及再生能力提高。红外线治疗慢性炎症时，改善血液循环，增加细胞的吞噬功能，消除肿胀，促进炎症消散。红外线可降低神经系统的兴奋性，有镇痛、解除横纹肌和平滑肌痉挛以及促进神经功能恢复等作用。在治疗慢性感染性伤口和慢性溃疡时，改善组织营养，消除肉芽水肿，促进肉芽生长，加快伤口愈合。红外线照射有减少烧伤创面渗出的作用。红外线还经常用于治疗扭挫伤，促进组织消肿和瘀血消散以及减轻术后黏连，促进瘢痕软化，减轻瘢痕挛缩等。

红外线对眼的作用：由于眼球含有较多的液体，对红外线吸收较强，因而一定强度的红外线直接照射眼睛时可引起白内障。白内障的产生与短波红外线的作用有关，波长大于1.5微米的红外线不引起白内障。

光浴对机体的作用：光浴的作用因素是红外线、可见光线和热空气。光浴时，可使较大面积，甚至全身出汗，从而减轻肾脏的负担，并可改善肾脏的血液循环，有利于肾功能的恢复。光浴作用可使血红蛋白、红细胞、中性粒细胞、淋巴细胞、嗜酸粒细胞增加，增强免疫力。局部光浴可改善神经和肌肉的血液供应和营养，因而可促进其功能恢复正常。全身光浴可明显地影响体内的代谢过程，增加全身热调节的负担；对植物神经系统和心血管系统也有一定影响。

夜视仪的应用：红外线能透过云彩、烟雾和微尘，所以摄影家们利用这种看不见的光线，通过用特殊材料配制的软片，能把200千米外的远景摄下来。当把红外线的这些特性应用到电视技术中的时候，就能做成夜视仪了。

现在实际应用的夜视仪由两部分组成：①光学聚焦系统，用来收集从目标发出的红外线；②观察处理系统，把红

拓展阅读

远红外线

1800年德国科学家赫歇尔发现太阳光中的红外线外侧围绕着一种用肉眼无法看见的光源，波长介于0.77～1000微米的“远红外线”，经过这种光源照射时，会对有机体产生放射、穿透、吸收和共振的效果。美国太空总署研究报告指出，在红外线内，对人体有帮助的4～14微米远红外线，能渗透人体内部15厘米深处，从内部发热，在体内作用促进微血管的扩张，使血液循环顺畅，达到新陈代谢的目的，进而增加身体的免疫力及治愈率。但是，根据黑体辐射理论，一般的材料要产生足够强度的远红外线并不容易，通常必须借助特殊物质做能量的转换，将它所吸收的热量经由内部分子的振动再发放较长波长的远红外线出来。

外线构成的图像转变成肉眼看得见的荧光屏上的图像。所以，整个夜视仪，实际上就是一套热成像设备，跟我们已经熟悉了的可见光成像和看得见的景物实现电视的道理差不多。

单筒夜视仪

研制这种红外线的电视装置，无论在交通运输或者加强国防方面，都有着重大的意义。可以想象，今后在夜晚行驶车辆，也许不用再点亮车灯，而在我方参谋部的荧光屏上，也许就能看到敌方阵地的全部面貌。

显而易见的可见光

◎可见光谱在电磁波谱中的位置

可见光的波长范围在 390 ~ 770 纳米之间。波长不同的电磁波，引起人眼的颜色感觉不同。

622 ~ 770 纳米，感觉为红色；
597 ~ 622 纳米，感觉为橙色；
577 ~ 597 纳米，感觉为黄色；
492 ~ 577 纳米，感觉为绿色；
455 ~ 492 纳米，感觉为蓝靛色；
390 ~ 455 纳米，感觉为紫色。

五彩纷呈的可见光

可见光是电磁波谱中人眼可以感知的部分，可见光谱没有精确的范围。一般人的眼睛可以感知的电磁波的波长在 400 ~ 700 纳米之间，但还有一些人能够感知到波长大约在380～780纳米之间的电磁波。正常视力的人眼对波长约为555纳米的电磁波最为敏感，这种电磁波处于光学频谱的绿光区域。

牛顿分解白光光谱的实验

人眼可以看见的光的范围受大气层影响。大气层对于大部分的电磁波辐射来讲都是不透明的，只有可见光波段和其他少数如无线电通信波段等例外。不少其他生物能看见的光波范围跟人类不一样，例如，包括蜜蜂在内的一些昆虫能看见紫外线波段，对于寻找花蜜有很大帮助。

拓展阅读

可见光云图

卫星观测仪器在可见光波段感应地面和云面对太阳光的反射，并把它显示成一张平面图像，即为可见光云图。图像的黑白程度是表示地面和云面的反照率大小，白色表示反照率大，黑色表示反照率小。一般说来，云愈厚，其亮度愈亮。如果太阳光的照明条件一样，对同样厚的云来说，水滴云比冰晶云要亮。如大厚块的云，尤其是积雨云，为浓白色；中等厚度的云为白色；大陆上薄而小块的云区为灰白色等。

1666年，英国科学家牛顿第一个揭示了光的色学性质和颜色的秘密。他用实验说明太阳光是各种颜色的混合光，并发现光的颜色决定于光的波长。

通过研究发现色光还具有下列特性：

（1）互补色按一定的比例混合得到白光。如蓝光和黄光混合得到的是白光。同理，青光和橙光混合得到的也是白光。

（2）颜色环上任何一种颜色都可以用其相邻两侧的两种单色光，甚至可以从次近邻的两种单色光混合复制出来。如黄光和红光混合得到橙光。较为典型的是红光和绿光混合成为黄光；

(3) 如果在颜色环上选择三种独立的单色光。就可以按不同的比例混合成日常生活中可能出现的各种色调。这三种单色光称为三原色光。光学中的三原色为红、绿、蓝。这里应注意，颜料的三原色为红、黄、蓝。但是，三原色的选择完全是任意的。

(4) 当太阳光照射某物体时，某波长的光被物体吸取了，则物体显示的颜色（反射光）为该色光的补色。如太阳光照射到物体上时，若物体吸取了波长为 390 ~ 455 纳米的紫光，则物体呈现黄绿色。

应该注意：有人说物体的颜色是物体吸收了其他色光，反射了这种颜色的光。这种说法是不对的。比如黄绿色的树叶，实际只吸收了波长为390 ~ 455 微米的紫光，显示出的黄绿色是反射的其他色光的混合效果，而不只反射黄绿色光。

与我们息息相关的紫外线

紫外线是电磁波谱中波长从 0.04 ~ 0.39 微米辐射的总称，不能引起人们的视觉。电磁谱中波长 0.04 ~ 0.39 微米辐射，既可见光紫端到 X 射线间的辐射。

1801 年德国物理学家里特发现在日光光谱的紫端外侧一段能够使含有溴化银的照相底片感光，因而发现了紫外线的存在。

紫外线天空图

自然界的主要紫外线光源是太阳。太阳光透过大气层时，波长短的紫外线为大气层中的臭氧吸收掉。人工的紫外线光源有多种气体的电弧（如低压汞弧、高压汞弧），紫外线有化学作用能使照相底片感光，荧光作用强，日光灯、各种荧光灯和农业上用来诱杀害虫的黑光灯都是用紫外线激发荧光物质发光的。紫外线还有生理作用，能杀菌、消毒、治疗皮肤病和软骨病等。紫外线的粒子性较强，能使各种金属产生光电效应。

◎ 紫外线的分类

紫外线根据波长分为近紫外线 UVA，远紫外线 UVB 和超短紫外线 UVC。紫外线对人体皮肤的渗透程度是不同的。紫外线的波长愈短，对人类皮肤危害越大。短波紫外线可穿过真皮，中波则可进入真皮。

◎ 紫外线的不同波段

人类对自然环境的破坏日益加重，使人们对太阳逐渐恐惧起来。因此，人类为防止太阳光线对肌肤造成伤害所进行的研究也成为永恒课题。让我们先来了解一下紫外线的相关知识。

紫外线：简称 UV。是位于日光高能区的不可见光线。依据紫外线自身波长的不同，可将紫外线分为三个区域。即短波紫外线、中波紫外线和长波紫外线。

短波紫外线：简称 UVC。是波长 200～280 纳米的紫外光线。短波紫外线在经过地球表面同温层时被臭氧层吸收。不能达到地球表面的，对人体产生极大危害（如：皮肤癌患者增加）。因此，对短波紫外线应引起足够的重视（致癌）。

中波紫外线：简称 UVB。是波长 280～320 纳米的紫外线。中波紫外线对人体皮肤有一定的生理作用。此类紫外线的极大部分被皮肤表皮所吸收，不能渗入皮肤内部。但由于其能量较高，对皮肤可产生强烈的光损伤，被照射部位真皮血管扩张，皮肤可出现红肿、水泡等症状。长久照射，皮肤会出现红斑、炎症、皮肤老化，严重者可引起皮肤癌。中波紫外线又被称作紫外线的晒伤（红）段，是应重点预防的紫外线波段（晒伤）。

长波紫外线：简称 UVA。是波长 320～400 纳米的紫外线。长波紫外线对衣物和人体皮肤的穿透性远比中波紫外线要强，可达到真皮深处，并可对表皮部位的黑色素起作用，从而引起皮肤黑色素沉着，使皮肤变黑，起到了防御紫外线，保护皮肤的作用。因而长波紫外线也被称作“晒黑段”。长波紫外线虽不会引起皮肤急性炎症，但对皮肤的作用缓慢，可长期积累，是导致皮肤老化和严重损害的原因之一（晒黑、老化）。

由此可见，防止紫外线照射给人体造成的皮肤伤害，主要是防止紫外线 UVB 的照射；而防止 UVA 紫外线，则是为了避免皮肤晒黑。在欧美，人们认为皮肤黝黑是健美的象征，所以反而在化妆品中要添加晒黑剂，而不考虑对长波紫外线的防护。近年来这种观点已有改变，由于认识到长波紫外线对人体可能产生的长期严重损害，所以人们开始加强对长波紫外线的防护。

◎紫外线表面处理中的应用

高功率紫外线光源在表面清洗处理中的应用：

近年来，由于大功率超高功率低气压 UV 放电管开发的进展，以及随着微电子等产品的超微细化，在微电子、超精密器件等产品的制造过程中，由短波长紫外线及其产生的臭氧对其产品的表面进行超精密清洗或改善其表面的接着性、附着性的干式光表面处理技术的实用化进展得很快。现在，需要提高成品率的半导体器件、液晶表示元件、光学制品等都在制造中，紫外线 UV 和 O_3 臭氧并用的干式光表面处理技术已成不可缺少的技术手段。作为氟里昂的替代技术，光表面清洗技术将逐渐取代湿式的传统技术。

国内首先开发的高功率与超高功率低气压 UV 放电管发出的具有代表性的紫外线是 253.7 纳米及 184.9 纳米，光子能量分别为 472 千焦/摩尔和 647 千焦/摩尔，能切断绝大多数的分子结合。UV 照射固体表面后，表面的污染物有机分子结合被强的光能切断、氧化，而后被分解成 CO_2 和 H_2O 等易挥发性物质，最终挥发消失。表面被清洗后的其清洁度极高，能把膜状的油污清洗到单分子层以下。

特点：

●大气中处理，简单方便、环保，无二次污染，无须加热、药液等处理。

●清洁度极高，单分子层以下，可以得到难以想象的清洁度、接着性。

●国内独有的超高功率短波长紫外线光源，仅需短时间（秒单位）照射，发挥强大的处理能力，从实验室进入实用。

●不对材料的表面产生损伤。

●相对于湿式清洗或等离子清洗成本低。

●没有液体表面张力的影响，超微细部的清洗容易。

高功率紫外线光源在表面改性处理中的应用：

一般工业或高科技领域使用的一些材料具有非常高的性能，对环境也非常的有好处，但这些材料的接着性、印涂性等一般都非常差。短波长紫外线（UV）表面清洗、表面改性技术，用清洁的高能紫外线光源，对上述材料进行处理后可得到极其清洁的表面和强力的表面接着性。

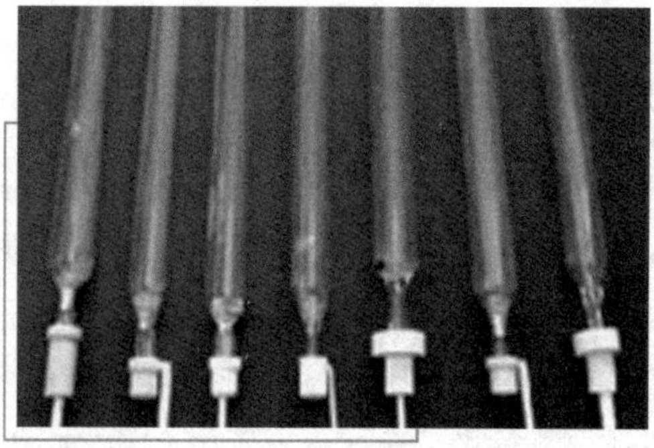

UV 光源技术的成品

改性的基本的反应就是 UV 引起的氧化反应。UV 照射固体表面后，表面的污染物被氧化，而后被分解成 CO_2 和 H_2O 等易挥发性物质，最终挥发消失。并且表面形成有利表面接着的如 OH、COO、CO、COOH 等亲水性原子团，被改性的表面接着性得到飞跃性地提高。

UV 光源技术的进步保证了 UV/O_3 表面改性技术充分发挥其突出的优越性。UV/O_3 表面改性技术因能处理得到极高的清洁度与表面接着性，在固体表面处理中越来越得到广泛的应用。

特点：

●对绝大多数塑料成型品照射有效，适用性广。

●可避免大量消耗药液、热能等，运行成本低。

◎ 紫外线 UV 固化技术

UV 固化技术是用 UV 光线（主要波长 365 纳米，特殊场合 254 纳米）照射在含有光重合性预聚体、光重合性单体、光开始剂的涂料、接着剂或油墨等 UV 硬化树脂后，以秒单位快速硬化、干燥的技术。而通常的热干燥法、两液混合法中的重合反应法对树脂的干燥普通需要数分钟到数小时。

UV 固化树脂的三大特征：

●工艺加工时间大大缩短。大多数情况下，以秒单位快速固化。

●UV 固化树脂是单一液剂，不必和溶剂等混合，UV 照射前不会硬化，可修正操作。

●比较传统的热处理法，固化时间短，不会引起产品的变质变色，作业温度低，操作容易。

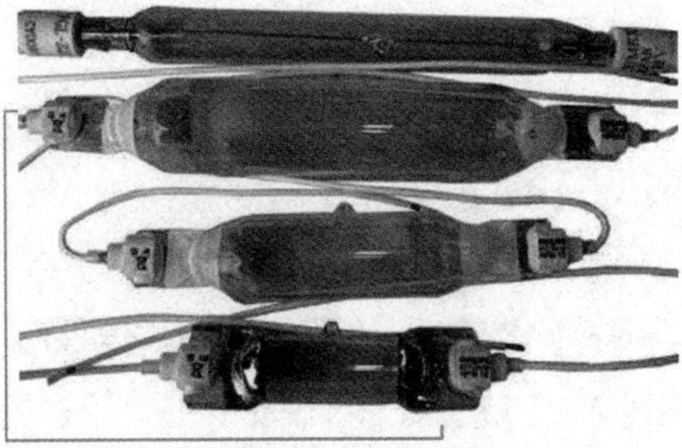

UV 紫外线固化灯管

◎ 紫外线在表面杀菌中的应用

传统的杀菌方法一般是利用加热、加药等手段，但这些处理方法所花时间长，可能对处理对象产生不利的变化，对环境也会产生二次污染。用照射紫外线进行杀菌可以完全避免以上问题。波长 200～290 纳米的紫外线能穿透细菌、病毒的细胞膜，给核酸（DNA）以损伤，使细胞失去繁殖能力，达到快速杀菌的效果。

UV 表面杀菌装置广泛应用于食品、电子、半导体、液晶显示器、等离子电视、水晶振动子、精密器件、化工、医学、保健、生物、饮料、农业等领域。

UV 光源照射食品、材料等表面，具有快速高效、无污染的杀菌效果，从而维持产品的高品质。

特征：

1. 仅需短时间（秒单位）照射，就能起到杀菌目的；

2. 连续/批处理方式选择；

3. 无须加热、药液等处理；

4. 简单、环保，无二次污染紫外线的危害。

紫外线强烈作用于皮肤时，可发生光照性皮炎，皮肤上出现红斑、瘙痒、水疱、水肿等，严重的还可引起皮肤癌。紫外线作用于中枢神经系统，可出现头痛、头晕、体温升高等。作用于眼部，可引起结膜炎、角膜炎，称为光照性眼炎，还有可能诱发白内障，在焊接过程中产生的紫外线会使焊工患上电光性眼炎（可以治愈）。

紫外线在一年四季都存在，冬季太阳光显得比较温和且北方多雾，但紫外线仅仅比夏天弱约 20%，仍然会对人体皮肤和眼睛等部位造成很大危害，所以，冬季仍需避免紫外线照射。长期紫外线照射最易使皮肤产生各种色斑，即使是在寒冷的冬天，户外活动时也应涂抹隔离霜或防晒霜。当然，SPF 指数（防晒指数）在 15 就足够了。如果是外出进行滑雪运动或在雪地里长时间停留时，最好还是戴上防护眼镜，以防止紫外线和雪地强白光对眼睛的刺激。

近年来，大量化学物质破坏了大气层中的臭氧层，破坏了这道保护人类健康的天然屏障。据国家气象中心提供的报告显示，1979 年以来中国大气臭氧层总量逐年减少，在 20 年间臭氧层减少了 14%。而臭氧层每递减 1%，皮肤癌的发病率就会上升 3%。目前，北京市气象局发布了北京市的紫外线指数，以帮助人们适当预防紫外线辐射。北京市气象局提醒人们当紫外线为最弱（0～2 级）时对人体无太大影响，外出时戴上太阳帽即可；紫外线达到 3～4级时，外出时除戴上太阳帽外还需要戴上防护眼镜，并在身上涂上防晒霜，以避免皮肤受到太阳辐射的危害；当紫外线强度达到 5～6 级时，外出时必须在阴凉处行走；紫外线达到7～9 级时，在上午10 点至下午4 点这段时间最好不要到沙滩场地上晒太阳；当紫外线指数大于或等于 10 时，应尽量避免外出，因为此时的紫外线辐射极具有伤害性。

◎仪器分析

一定强度和波长的紫外线，照射物质（部分物质需要加入荧光染料）时，会使物质元素发出荧光（光致发光），根据荧光的颜色，即可判断出该元素的含量。如铅、汞等重金属，农药残留物等都可用此种方法检测。日光灯就是利用这种原理。

●黑光灯（紫外线灯）诱虫

大部分昆虫的复眼对 365 纳米紫外线特别敏感，在晚上，点燃一只紫外线灯，对昆虫来说犹如光明世界一样。

●人体保健照射

280～320 纳米的紫外线称为保健紫外线。照射皮肤后，使皮肤内的 7－脱氢麦角胆固醇，转化为维生素 D_3 和维生素 D_2，防止佝偻病和职业病（矿工等）。现在，市面上已有保健型紫外线灯。

黑光灯（紫外线灯）

●油烟氧化—光解氧化技术

用紫外光来改变其油脂的分子链，同时这种紫外光与空气中的氧反应后产生臭氧，将油脂分子冷燃生成二氧化碳和水，油烟中的有机物被光解氧化，异味也随之消除。

●光触酶（二氧化钛）

建筑材料或家用电器材料表面加入（或涂覆）少量的纳米级二氧化钛粉末，在使用过程中，可以吸附挥发性有机物 VOC（如甲醛、苯，甲苯、乙醇、氯仿等），用紫外线照射后可分解这些有机物。

◎阻隔紫外线的 5 种水果

夏天不光天气炎热，强烈的阳光也会给你带来“麻烦”，不光容易被晒黑，如果暴露的时间长了，还容易被晒伤。专家发现，除了采用一些防晒手段以外，对食品“讲究”一些，也能让阳光的副作用减少很多。

番茄：这是最好的防晒食物。番茄富含抗氧化剂番茄红素，每天摄入 16 毫克番茄红素可将晒伤的危险系数下降 40%。熟番茄比生吃效果更好。同时吃一些土豆或者胡萝卜会更有效，其中的 β 胡萝卜素能有效阻挡 UV。

西瓜：西瓜含水量在水果中是首屈一指的，所以特别适合补充人体水分

番茄有防晒的作用

的损失。此外，它还含有多种具有皮肤生理活性的氨基酸，易被皮肤吸收，对面部皮肤的滋润、营养、防晒、增白效果较好。

柠檬：含有丰富维生素 C 的柠檬能够促进新陈代谢、延缓衰老、美白淡斑、收细毛孔、软化角质层及令肌肤有光泽。据研究，柠檬能降低皮肤癌发病率，每周只要一勺左右的柠檬汁即可将皮肤癌的发病率下降 30%。

橙子：橙子中含有丰富的维生素 C、维生素 P，能增强机体抵抗力，增加毛细血管的弹性，降低血中胆固醇，可防治高血压、动脉硬化，确保夏日里的身体健康。

橙　子

猕猴桃：猕猴桃含有维生素 C、维生素 E、维生素 K 等多种营养成分，属营养和膳食纤维丰富的低脂肪食品，对减肥健美、美容有独特的功效。猕猴桃含有抗氧化物质，能够增强人体的自我免疫功能。

◎ 紫外线强度分析

紫外线强度分为 5 级：1 级最弱，通常表现为下雨；2 级较弱，通常表现为阴天；3 级中等，通常表现为多云，偶尔能从云中看见一点太阳；4 级较强，通常表现为晴天；5 级最强，通常表现为天气特别晴朗。

4 月到 9 月是紫外线照射最强的季节，上午 10 点至下午 2 点是紫外线照射最强的时段，正午是紫外线照射高峰。

◎ 夏季如何防紫外线?

远离强紫外线

正午的时候，请远远离开太阳的笼罩，每天早上 10 点到下午 2 点，太阳所发出的紫外线被大气层过滤掉的比率最小，所以紫外线的强度是一天当中最强的。因此，不管是学校老师或是家长，在替同学们规划户外活动时，最好能够避开这段时间，大人也应该少在这一段时间外出。

选择防晒霜的 SPF 值和 PA

一般夏天的早晚、阴雨天，SPF 指数低于 8 的产品即可；中等强度阳光照射下，指数达 8～15 较好，在强烈阳光直射下，指数应大于 15。除了 SPF 指数，还要注重能阻挡肌肤晒黑的 PA，一般选择 PA + 就可以。

正确使用防晒霜

出门前 10 分钟涂抹防晒霜，并达到每平方厘米两毫克的涂抹量，效果最好。使用防晒霜前先清洁皮肤。如果是干性皮肤，适当抹一点润肤液。涂防晒霜时，不要忽略了脖子、下巴、耳朵等部位。在阳光猛烈、暴晒时间长的日子里，每两个小时补擦一次防晒霜。即使做好了防晒措施，但如果阳光很强烈，夜里最好还要使用晒后护理品。

穿戴要讲究

外出时穿着可以防御紫外线的衣物，最好穿着浅色的棉、麻质地服装。不管是何种质地，只要纱织细密，达到一定厚度，就可以遮挡紫外线。选择宽檐帽，除了可以保护脸部，还可一并将耳朵和后面的脖子部位遮蔽。给自己选择一款具有能防紫外线功能的墨镜。墨镜以中性玻璃、灰色镜片最佳，过深的墨镜反而容易让眼睛接受更多的紫外线，不

广角镜

紫外线在表面杀菌中的应用

传统的杀菌方法一般是利用加热、加药等手段，但这些处理方法所花时间长，可能对处理对象产生不利的变化，对环境也会产生二次污染。用照射紫外线进行杀菌可完全避免以上问题。波长 200～290 纳米的紫外线能穿透细菌、病毒的细胞膜，给核酸以损伤，使细胞失去繁殖能力，达到快速杀菌的效果。

紫外线杀菌装置广泛应用于食品、电子、半导体、液晶显示器、等离子电视、水晶振动子、精密器件、化工、医学、保健、生物、饮料、农业等领域。

是正确的选择。

儿童也要防晒

如果你的孩子未满6个月，最好的办法是夏天不要让他直接暴露在太阳下。如果确实需要外出，最好穿戴上适合的衣服和帽子，并且使用遮阳伞。6个月以后，就可以全身涂防晒霜了，阳光容易晒到的部位如耳朵、鼻子、颈背和肩膀要多涂一些。

神奇的X射线

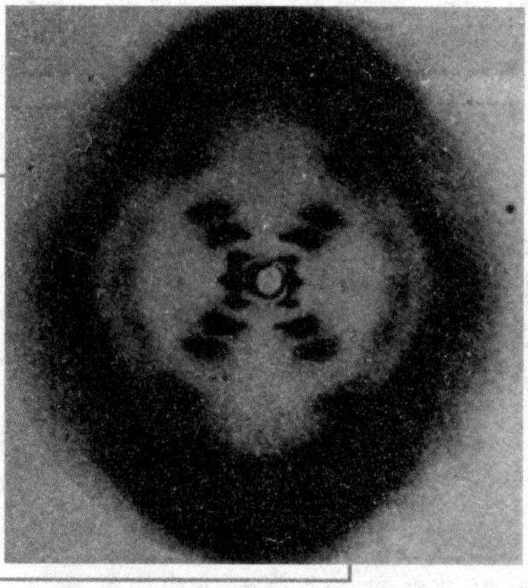

X射线衍射图片

X射线波长介于紫外线和γ射线间的电磁辐射。由德国物理学家伦琴于1895年发现，故又称伦琴射线。

波长小于0.1埃的称超硬X射线，在0.1～1埃范围内的称硬X射线，1～10埃范围内的称软X射线。实验室中X射线由X射线管产生，X射线管是具有阴极和阳极的真空管，阴极用钨丝制成，通电后可发射热电子，阳极（就称靶极）用高熔点金属制成（一般用钨，用于晶体结构分析的X射线管还可用铁、铜、镍等材料）。用几万伏至几十万伏的高压加速电子，电子束轰击靶极，X射线从靶极发出。电子轰击靶极时会产生高温，故靶极必须用水冷却，有时还将靶极设计成转动式的。

◎X射线的特点

X射线的特征是波长非常短，频率很高，其波长约为0.006～2纳米之间。因此，X射线必定是由于原子在能量相差悬殊的两个能级之间的跃迁而产生的。所以 X 射线光谱是原子中最靠内层的电子跃迁时发出来的，而光学光谱则是外层的电子跃迁时发射出来的。X 射线在电场磁场中不偏转。这说明 X 射线是不带电的粒子流，因此能产生干涉、衍射现象。

X 射线谱由连续谱和标志谱两部分组成，标志谱重叠在连续谱背景上，连续谱是由于高速电子受靶极阻挡而产生的韧致辐射，其短波极限 λ0 由加速电压 V 决定：$\lambda 0 = hc/(eV)$，h 为普朗克常数，e 为电子电量，c 为真空中的光速。标识谱是由一系列线状谱组成，它们是因靶元素内层电子的跃迁而产生，每种元素各有一套特定的标志谱，反映了原子壳层结构。同步辐射源可产生高强度的连续谱 X 射线，现已成为重要的 X 射线源。

基本小知识

荧光

荧光，又叫作“萤光”，是指一种光致发光的冷发光现象。当某种常温物质经某种波长的入射光（通常是紫外线或 X 射线）照射，吸收光能后进入激发态，并且立即退激发并发出比入射光的的波长长的出射光（通常波长在可见光波段），而且一旦停止入射光，发光现象也随之立即消失。具有这种性质的出射光就被称之为荧光。在日常生活中，人们通常广义地把各种微弱的光亮都称为荧光，而不去仔细追究和区分其发光原理。

X 射线具有很高的穿透本领，能透过许多对可见光不透明的物质，如墨纸、木料等。这种肉眼看不见的射线可以使很多固体材料发生可见的荧光，使照相底片感光以及空气电离等效应，波长越短的 X 射线能量越大，叫作硬 X 射线，波长长的 X 射线能量较低，称为软 X 射线。当在真空中，高速运动的电子轰击金属靶时，靶就放出 X 射线，这就是 X 射线管的结构原理。

◎X 射线的分类

放出的 X 射线分为两类：

（1）如果被靶阻挡的电子的能量，不越过一定限度时，只发射连续光谱的辐射。这种辐射叫作韧致辐射，连续光谱的性质和靶材料无关。

（2）一种不连续的，它只有几条特殊的线状光谱，这种发射线状光谱的辐射叫作特征辐射，特征光谱和靶材料有关。

◎X射线的应用

医用诊断X光机：医用X光机医学上常用作辅助检查方法之一。临床上常用的X线检查方法有透视和摄片两种。透视较经济、方便，并可随意变动受检部位做多方面的观察，但不能留下客观的记录，也不易分辨细节。摄片能使受检部位结构清晰地显示于X线片上，并可作为客观记录长期保存，以便在需要时随时加以研究或在复查时作比较。必要时还可做X线特殊检查，如断层摄影、记波摄影以及造影检查等。选择何种X线检查方法，必须根据受检查的具体情况，从解决疾病（尤其是骨科疾病）的要求和临床需要而定。X线检查仅是临床辅助诊断方法之一。

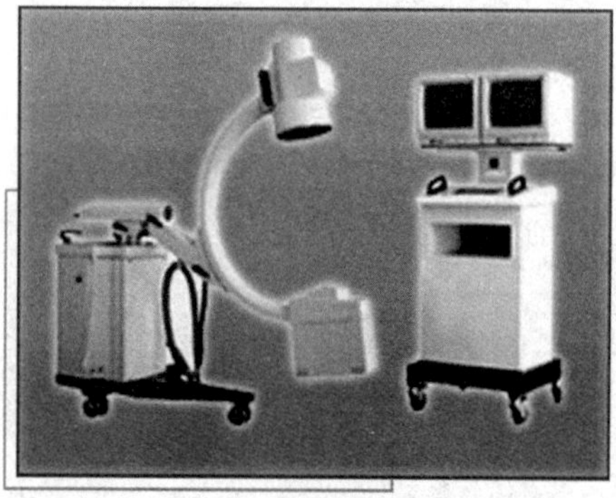

X线机

工业中用来探伤。长期受X射线辐射对人体有伤害。X射线可激发荧光，使气体电离、使感光乳胶感光，故X射线可用电离计、闪烁计数器和感光乳胶片等检测。晶体的点阵结构对X射线可产生显著的衍射作用，X射线衍射法已成为研究晶体结构、形貌和各种缺陷的重要手段。

与γ射线的接触

γ射线，又称γ粒子流，中文音译为伽马射线。波长短于1埃的电磁波，是由法国科学家维拉德首先发现，是继α、β射线后发现的第三种原子核射线。

γ射线是因核能级间的跃迁而产生，原子核衰变和核反应均可产生γ射线。

γ射线具有比X射线还要强的穿透能力。当γ射线通过物质并与原子相互作用时会产生光电效应、康普顿效应和正负电子对三种效应。原子核释放出的 γ 光子与核外电子相碰时，会把全部能量交给电子，使电子电离成为光电子，此即光电效应。由于核外电子壳层出现空位，将产生内层电子的跃迁并发射 X 射线标志谱。高能 γ 光子（>2 兆电子伏特）的光电效应较弱。γ 光子的能量较高时，除上述光电效应外，还可能与核外电子发生弹性碰撞，γ 光子的能量和运动方向均有改变，从而产生康普顿效应。当 γ 光子的能量大于电子静质量的两倍时，由于受原子核的作用而转变成正负电子对，此效应随 γ 光子能量的增高而增强。

伽马射线

γ 光子不带电，故不能用磁偏转法测出其能量，通常利用 γ 光子造成的上述次级效应间接求出。例如，通过测量光电子或正负电子对的能量推算出来。此外，还可用 γ 谱仪（利用晶体对 γ 射线的衍射）直接测量 γ 光子的能量。由荧光晶体、光电倍增管和电子仪器组成的闪烁计数器是探测 γ 射线强度的常用仪器。

知识小链接

天文学

天文学是研究宇宙空间天体、宇宙的结构和发展的学科。内容包括天体的构造、性质和运行规律等。主要通过观测天体发射到地球的辐射，发现并测量它们的位置、探索它们的运动规律、研究它们的物理性质、化学组成、内部结构、能量来源及其演化规律。天文学是一门古老的科学，自有人类文明史以来，天文学就有重要的地位。

通过对 γ 射线谱的研究可了解核的能级结构。γ 射线有很强的穿透力，工业中可用来探伤或流水线的自动控制。γ射线对细胞有杀伤力，医疗上用来治疗肿瘤。

探测γ射线有助天文学的研究。当人类观察太空时，看到的为“可见光”，然而电磁波谱的大部分是由不同辐射组成，当中的辐射的波长有较可见光长，亦有较短，大部分单靠肉眼并不能看到。通过探测γ射线能提供肉眼所看不到的太空影像。

在太空中产生的γ射线是由恒星核心的核聚变产生的，因为无法穿透地球大气层，因此无法到达地球的低层大气层，只能在太空中被探测到。太空中的γ射线是在1967年由一颗名为“维拉斯”的人造卫星首次观测到。从20世纪70年代初由不同人造卫星所探测到的γ射线图片，提供了关于几百颗此前并未发现到的恒星及可能的黑洞。于90年代发射的人造卫星（包括康普顿γ射线观测台），提供了关于超新星、年轻星团、类星体等不同的天文信息。γ射线是一种强电磁波，它的波长比X射线还要短，一般波长<0.1纳米。

在原子核反应中，当原子核发生α、β衰变后，往往衰变到某个激发态，处于激发态的原子核仍是不稳定的，并且会通过释放一系列能量使其跃迁到稳定的状态，而这些能量的释放是通过射线辐射来实现的，这种射线就是γ射线。

γ射线具有极强的穿透本领。人体受到γ射线照射时，γ射线就可以进入到人体的内部，并与体内细胞发生电离作用，电离产生的离子能侵蚀复杂的有机分子，如蛋白质、核酸和酶，它们都是构成活细胞组织的主要成分，一旦它们遭到破坏，就会导致人体内的正常化学过程受到干扰，严重的可以使细胞死亡。

“宇宙飞弹”——宇宙射线

所谓宇宙射线，指的是来自于宇宙中的一种具有相当大能量的带电粒子流。1912年，德国科学家韦克多·汉斯带着电离室在乘气球升空测定空气电离度的实验中，发现电离室内的电流随海拔升高而变大，从而认定电流是来自地球以外的一种穿透性极强的射线所产生的，于是有人为之取名为“宇宙射线”。

◎宇宙射线的形成

宇宙射线一般指约在46亿年前刚从太阳星云形成的地球。初生的地球，固体物质聚集成内核，外周则是大量的氢、氦等气体，称为第一代大气。

那时，由于地球质量还不够大，还缺乏足够的引力将大气吸住，又有强烈的太阳风（是太阳因高温膨胀而不断向外抛出的粒子流，在太阳附近的速度约为350～450千米/秒），所以以氢、氦为主的第一代大气很快就被吹到宇宙空间。地球在继续旋转和聚集的过程中，由于本身的凝聚收缩和内部放射性物质（如铀、钍等）的蜕变生热，原始地球不断增温，其内部甚至达到炽热的程度。于是重物质就沉向内部，形成地核和地幔，较轻的物质则分布在表面，形成地壳。

初形成的地壳比较薄弱，而地球内部温度又很高，因此火山活动频繁，从火山喷出的许多气体，构成了第二代大气即原始大气。

原始大气是无游离氧的还原性大气，大多以化合物的形式存在，分子量大一些，运动也慢一些，而此时地球的质量和引力已足以吸住大气，所以原始大气的各种成分不易逃逸。以后，地球外表温度逐渐降低，水蒸汽凝结成雨，降落到地球表面低凹的地方，便成了河、湖和原始海洋。当时由于大气中无游离氧（O_2），因而高空中也没有臭氧（O_3）层来阻挡和吸收太阳辐射的紫外线，所以紫外线能直射到地球表面，成

拓展阅读

宇宙射线的观测方式

大家都知道宇宙射线主要是由质子、氦核、铁核等裸原子核组成的高能粒子流；也含有中性的γ射线和能穿过地球的中微子流。它们在星系际银河和太阳磁场中得到加速和调制，其中一些最终穿过大气层到达地球。人类对宇宙射线作微观世界的研究过程中采用的观测方式主要有三种，即：空间观测、地面观测、地下（或水下）观测。

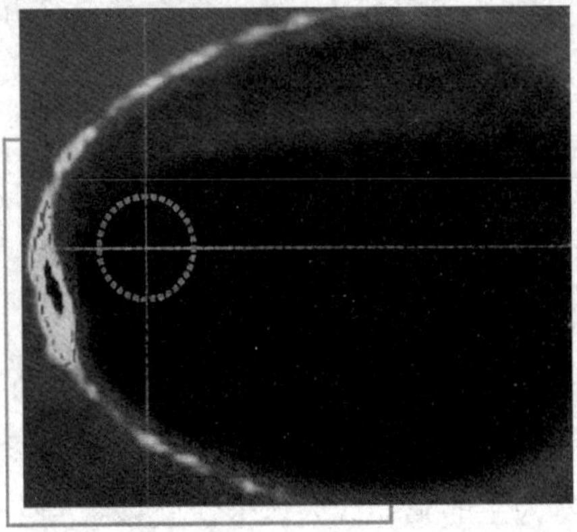
宇宙射线

为合成有机物的能源。此外，天空放电、火山爆发所放出的热量，宇宙间的宇宙射线（来自宇宙空间的高能粒子流，其来源目前还不了解）以及陨星穿过大气层时所引起的冲击波（会产生几千摄氏度到几万摄氏度的高温）等，也都有助于有机物的合成。但其中天空放电可能是最重要的，因为这种能源所提供的能量较多，又在靠近海洋表面的地方释放，在那里作用于还原性大气所合成的有机物，很容易被冲淋到原始海洋之中。

太阳系是在圆盘状的银河系中运行的，运行过程中会发生相对于银河系中心位置的位移，每隔6200万年就会到达距离银河系中心的最远点。而整个“银河盘”又是在包裹着它的热气体中以200千米/秒的速度运行。“银河盘并不像飞盘那样圆滑”，科学家称，“它是扁平的”。当银河系的“北面”或前面与周围的热气摩擦时就会产生宇宙射线。

◎宇宙射线影响之巨大

虽然当宇宙射线到达地球的时候，会有大气层来阻挡住部分的辐射，但射线流的强度依然很大，很可能对空中交通产生一定程度的影响。比方说，现代飞机上所使用的控制系统和导航系统均有相当敏感的微电路组成。一旦在高空遭到带电粒子的攻击，就有可能失效，给飞机的飞行带来相当大的麻烦和威胁。

还有科学家认为，长期以来普遍受到国际社会关注的全球变暖问题很有可能也与宇宙射线有直接关系。这种观点认为，温室效应可能并非全球变暖的唯一罪魁祸首，宇宙射线有可能通过改变低层大气中形成云层的方式来促使地球变暖。这些科学家的研究认为，宇宙射线水平的变化可能是解释这一疑难问题的关键所在。他们指出，由于来自外层空间的高能粒子将原子中的电子轰击出来，形成的带电离子可以引起水滴的凝结，从而可增加云层的生长。也就是说，当宇宙射线较少时，意味着产生的云层就少，这样，太阳就可以直接加热地球表面。对过去20年太阳活动和它的放射性强度的观测数据支持这种新的观点，即太阳活动变得更剧烈时，低空云层的覆盖面就减少。这是因为从太阳射出的低能量带电粒子（即太阳风）可使宇宙射线偏转，随着太阳活动加剧，太阳风也增强，从而使到达地球的宇宙射线较少，因此形成的云层就少。此外，在高层空间，如果宇宙射线产生的带电粒子浓度很高，这些带电离子就有可能相互碰撞，从而重新结合成中性粒子。但在低空的带电离子，保持的时间相对较长，因此足以引起新的云层形成。

此外，几位美国科学家还认为，宇宙射线很有可能与生物物种的灭绝与出现有关。他们认为，某一阶段突然增强的宇宙射线很有可能破坏地球的臭氧层，并且增加地球环境的放射性，导致物种的变异乃至于灭绝。另一方面，这些射线又有可能促使新的物种产生突变，从而产生出全新的一代。这种理论同时指出，某些生活在岩洞、海底或者地表以下的生物正是由于可以逃过大部分的辐射才因此没有灭绝。从这种观点来看，宇宙射线倒还真是名副其实的“宇宙飞弹”。

自然中的电波

地球磁场，打雷闪电等自然产生的电波，叫作自然电磁波。此外，在距离地面60千米以上的整个地球大气层都处于部分电离或完全电离的状态，电离层是部分电离的大气区域，完全电离的大气区域称磁层。在这一层中进行着激烈的电波活动。

严格来说，自然电波比较少，它们也极容易消散，很难捕捉到，但是它们的影响力还是很大的，比如打雷的天气中，手机信号会受到干扰就是自然电波在搞怪。

在伸手不见五指的海底世界也可以看到电视，这多亏了自然电波的帮忙，给人类的生产、科研活动带来了极大的便利。

地球——自然电磁波

地球本身的电磁波

地球本身就是一个大的磁场，太阳光本身也是电磁波的一个频段，还有雷电和其他星球产生的电磁波等，都是自然产生的，所以叫自然电磁波。自然环境发生的电磁波以低频（约在10兆赫）为主。这个电磁波是干扰广播电波、通信电波，以及破坏半导体器件的原因。所以，大部分作为不要的电磁波处理。

探索海洋深处

在我们伟大祖国的美丽土地上，每天都发生着无数有意义的事情。为了及时报道这些生动的消息，报纸和广播电台的记者们不分昼夜、不顾寒暑地四出奔走，他们把采访得来的新闻，尽快地发布到世界各地，现在，电视台的工作人员也参加到记者的队伍中来了。他们有时候用车辆装载着电视设备，有时则背起小型发射机，提起电视摄像机，忙碌地活跃在现场上，摄取人们迫切需要知道的现场情景，并且立刻把它们传送到电视观众的面前。不久前，人们还把电视机和强烈的光源一起放到

拓展阅读

半导体

半导体，指常温下导电性能介于导体与绝缘体之间的材料。半导体在收音机、电视机以及测温上有着广泛的应用。

几百米深的海里，去探索海洋的秘密。

知识小链接

摄像机

摄像机的种类繁多，其工作的基本原理都是一样的：把光学图像信号转变为电信号，以便于存储或者传输。当我们拍摄一个物体时，此物体上反射的光被摄像机镜头收集，使其聚焦在摄像器件的受光面上，再通过摄像器件把光转变为电能，即得到了“视频信号”。光电信号很微弱，需通过预放电路进行放大，再经过各种电路进行处理和调整，最后得到的标准信号可以送到录像机等记录媒介上记录下来，或通过传播系统传播或送到监视器上显示出来。

要知道，水下可真是一个奇妙的世界，因为在那里温度恒定，变化很少，而且有些地方暖流和寒流正好汇合，特殊的环境，替不少生物创造了一种有利的生活条件，使它们茁壮生长。所以在海底里，水草会长得跟森林一样，长达一丈多的昆布会密密麻麻地纠缠在一起；闪烁发光的海胆，大的、小的、红的、紫的、蓝的和绿的海星，美丽得跟节日里姑娘们头上的发结一样；游姿婀娜、飘忽不定的海鲽，皮层粗糙、呆头傻脑的海雀，简直使潜水员目不暇接。在这样奇妙的地方，谁不想多待一会儿呢？可是刺骨的寒冷，却使你不敢久停，尽管穿着厚厚的潜水服，隔着玻璃的防水帽，但那冰也似的海水，仍然冻得你手足针刺般的疼痛，最多几十分钟，就不得不匆匆地回到水面上来。

开拓富饶的海底世界，是当前十分引人注目的任务。在那里蕴藏着远比陆地丰富得多的石油、矿产和天然气。这样，电视就理所当然地成了人们探索海洋奥秘的助手。因为通过电视，可以把那儿的景色传送到荧光屏上来，潜水员不必担心寒流的侵袭，或者鲨鱼的攻击。

但是，海底里的环境毕竟和地面不同，在那里，光线很微弱，即使在晴朗的白天，阳光也只能透入30米左右的深度，再往下去，几乎就伸手不见五指了。所以，要让电视能在水下摄像，只有两个办法：一是用强烈的光源把水下世界照亮；二是采用灵敏度很高的摄像装置，让它能感受极微弱的光线。

第一种办法当然简单易行，可惜水下的生物已经习惯了它们自己的环境，当强光把它的周围照得通明时，它们也就逃之夭夭了。

知识小链接

海底扩张

20世纪50年代，地理学家们用先进的技术测绘出海底世界。测绘结果显示：海底有座相当高耸的海洋“山脊”，形成了一道水下“山脉”，绵延约83683.6千米，穿过世界上所有的海洋，海洋底部的“山脊”也叫断裂谷，断裂谷里不断地冒出岩浆，岩浆冷却后，在大洋底部形成了一条条蜿蜒起伏的新生海底山脉，这个过程就叫海底扩张，而这些新生的海底山脉则称为海岭。由于断裂谷里添了新岩石，断裂谷两边的岩石就逐渐远离了洋脊中央。所以，距离“山脉”越远的岩石就越古老。

当海岭和新的海底平原形成后，断裂谷的岩浆还会继续喷出，它们起着“传送带”的作用，把一条条新海岭从地壳岩层中推送出来，同时又把它们慢慢地从地壳岩层中推落下去，重新熔化到地幔中去，达到新生和消长的平衡。

现代的水底电视采用了一种“图像增强器”，它可以使光电效应产生的电子，经过几级电场的加速，获得很大的能量，最后在屏幕上呈现出一个比实际景物亮上几万倍的图像来。

利用这样的水下电视，人们可以方便地对海底地质地貌进行考察，还可用来选择水下建筑工程的场地，以及打捞沉船，侦察鱼群，甚至用来搜索敌方的潜艇和作为水下武器的制导系统。目前，利用图像增强器件制造成功的“微光电视”正在迅速发展，它可以凭借残月和星光，把遥远的、肉眼根本看不见的东西的图像，清晰地映在屏幕上，成了夜间作战侦察和监视的有效

水下电视

手段。来自宇宙的电磁波从 1887 年赫兹首次证实了电磁波的存在，到 1957 年第一颗人造卫星上天至今，航天技术的飞速发展不仅给人类进步和文明带来了巨大的影响，而且为人类从事空间探测、了解地球以外的无限宇宙提供了行之有效的手段。迄今为止，已发射的用于研究天文学目的的航天器有 300 多种，有紫外、红外、微波、X 射线、γ 射线、天体测量、太阳观测等天文卫星，观测波段几乎包括整个电磁波谱。这些来自天外遥远星系的电磁波，为人类传来了宇宙深处神秘的信息。各种航天器已在各种波段上对太阳耀斑、宇宙背景、膨胀源、X 射线源、黑洞、γ 射线源、宇宙射线、超新星、反物质及反物质源、红外星系、多星系、行星、彗星等多种天体进行了规模空前的观测和研究，取得了一系列惊人的新发现，大大地丰富了人类的宇宙知识。与此同时人类也在地面上建立起了各种接收宇宙电磁波的装置。

惊人的雷电

夏季是雷电的多发季节，尤其在如今的信息社会，雷电的危害尤其大。因为信息靠电磁波传送，而闪电激发的强大电磁波进入微电子器件后，对精密的电子元件的损害是巨大的。

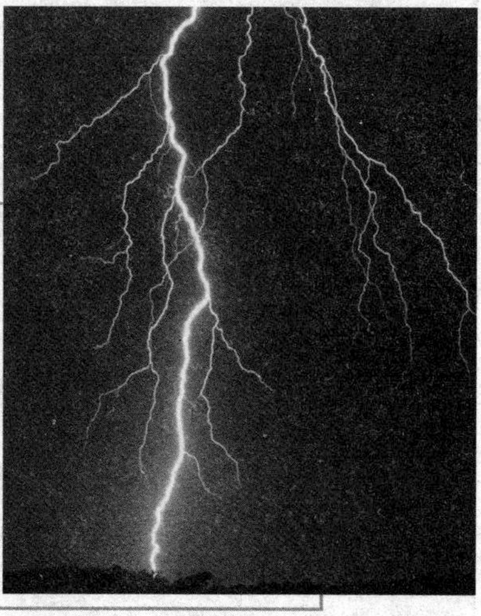
雷 电

◎ 闪电的分类介绍

线形闪电是最常见的，它是一些非常明亮的白色、粉红色或淡蓝色的亮线，它很像地图上的一条分支很多的河流，又好像悬挂在天空中的一棵蜿蜒曲折、枝杈纵横的大树。

球形闪电多半在强雷雨的恶劣天气里才会出现。在线形闪电过后，天空突然出现一个火球，火球沿着弯曲的路径在天空飘游，有时也可能停止不动，悬在空中。这种火球喜欢钻洞，有时会从烟囱、窗户、门缝等窜入屋内，然后再溜出屋去。

链形闪电出现在线形闪电之后，与线形闪电出现在同一路径上，它像一排发光的链球挂在天空，在云层的衬托下好像一条虚线在云幕上慢慢滑行。

手机引雷电的袭击

◎ 电磁波可引雷

一位不愿透露姓名的技术专家表示，手机、无线上网，甚至使用太阳能热水器洗澡等方式都有可能引起感应雷的袭击。因为手机的电磁波是雷电很好的导体，能够在很大的范围内收集引导雷电。随后，从另外一位技术专家处也了解到，手机的无线电波即电磁波是可以吸引传导雷电的。

所以说，电磁波会招雷，专家的意见基本一致。

但对于电磁波招雷是否导致使用者遭雷劈，目前各方还没有统一的说法。

◎ 电磁波是元凶吗

北京市气象局防雷中心办公室负责人表示，对于打雷时可否打手机的问题，由于此问题目前尚在争议之中，他们无法回答该问题。

广角镜

雷电的种类

雷电分直击雷、电磁脉冲、球形雷、云闪四种。其中直击雷和球形雷都会对人和建筑物造成危害，而电磁脉冲主要影响电子设备，主要是受感应作用所致。云闪由于是在两块云之间或一块云的两边发生，所以对人类危害最小。

直击雷就是在云体上聚集很多电荷，大量电荷要找到一个通道来泄放，有的时候是一个建筑物，有的时候是一个铁塔，有的时候是空旷地方的一个人，所以这些人或物体都变成电荷泄放的一个通道，就把人或者建筑物给击伤了。直击雷是威力最大的雷电，而球形雷的威力比直击雷小。

其中技术专家表示，发生打电话被雷击中是因为雷雨天气时独自身处在旷野或山上（高处）的人本身就易发生危险，若此时再使用手机，被雷击的概率就会加大很多。

若周围有避雷设施，相对来说就安全很多。另一位资深专家表示，本来雷雨时孤身待在空旷场地里的人就很不安全，因为这时人是最高点，面临着直击雷的威胁。而手机即使不接打时也在不间断地自动发送电磁波，因而尽管目前手机电磁波能否引雷（感应雷）之说没有经专家专门研究过，为安全起见，雷雨天气当人们在周围没有防雷设施的户外活动时应及时关闭手机。但在城市的街道上活动的人们就安全得多，因为周围的高楼及比你高的物体都是较好的避雷器。

知识小链接

天气预报

天气预报就是应用大气变化的规律，根据当前及近期的天气形势，对未来一定时期内的天气状况进行预测。它是根据对卫星云图和天气图的分析，结合有关气象资料、地形和季节特点、群众经验等综合研究后作出的。如我国中央气象台的卫星云图，就是我国制造的“风云一号”气象卫星摄取的。利用卫星云图照片进行分析，能提高天气预报的准确率。天气预报就时效的长短通常分为三种：短期天气预报、中期天气预报、长期天气预报。中央电视台每天播放的主要是短期天气预报。

◎如何防止雷击

1. 注意收听天气预报，当预报有雷雨天气时，应合理安排户外活动，减少外出，不要停留在楼顶及建筑物的朝天面。

2. 如在户外有雷电发生，应注意不要接触金属物体，不要打金属手柄的雨伞，不要在大树、电线杆、广告牌、铁塔下避雨，不要在水边、洼地停留，尽量到干燥地方避雨。

3. 手机的电磁波会引雷，因此不要在户外接听和拨打手机。

4. 突遇雷电，可双脚并起蹲下，避免多人接触以减少跨步电压的危害。并丢弃随身所带的金属物品。

5. 雷电天气时最好关掉家中所有电源，不使用电器并关好门窗，尽量不要拨打电话和听收音机。进户线的绝缘子铁脚应接地，最好安装避雷器。经常发生雷击的灾害区域，应安装合适的避雷产品。

谨防雷电天气

地球电离层的种种

地球电离层是地球大气层的一个电离区域。60 千米以上的整个地球大气层都处于部分电离或完全电离的状态，简称电离层。除地球外，金星、火星和木星都有电离层，电离层作为一种传播介质，使电波受折射、反射、散射并被吸收而损失部分能量于传播介质中。受电离层影响的波段从极低频直至最高频，但影响最大的是中波和短波段。也正因此中波和短波段利用地球电离层的反射进行近距离和远距离通信和广播应用。

D 层是电离层中最靠近地面的一层。它在中午的时候电离程度最高，但是它的离子也很容易丢失。这一层只是吸收无线电信号的能量，而不是反射它们。D 层电离化的程度越高，吸收无线电波的能力越强。

E 层跟 D 层相类似，在没有

你知道吗

太阳流

太阳流是使用加拿大渥太华的一台射电望远镜测量的太阳辐射在 2800 兆赫频率的强度。测量结果证明，这个强度与太阳黑子活动相称。不过导致地球大气上层电离的主要是太阳的紫外线和 X 射线。目前，地球静止业务环境卫星可以测量太阳的 X 射线流。这个数据与电离层的电离度更加相符。

阳光照射的时候，E 层失去它的离子的速度很快，因此，它主要在白天影响传播。但是 E 层不像 D 层那样吸收较低频率的短波信号的能量而让较高频率的通过，E 层可以把电波反射回地面。通常来说，在晚上 E 层非常弱，无线电信号都能穿透它。在某些时候，突发的 E 层甚至可以将 VHF 信号反射回地面。

F 层，其实它们在夜间确实是合在一起的。对于远距离短波通信来说 F 层是最为重要的。F 层在白天和晚上都存在，只是在晚上 F 层比较薄。也由于这个原因，F 层在白天能把比较高的频率反射回地面，而到了晚上就让较高的频率通过。一般来说，在晚上可以把 10 ~ 15 兆赫的信号反射回地面。

基本小知识

中 波

一般中波广播采用了调幅的方式，在不知不觉中，中波及调幅之间就画上了等号。实际上中波只是诸多利用调幅调制方式的一种广播。像在高空中的国际短波广播所使用的调制方式也是调幅，甚至比调频广播更高频率的航空导航通信也是采用调幅的方式，只是我们日常所说的调幅波段指的就是中波广播。

生活中的电波

SHENQI DE DIANBO

从科学的角度讲，电波是能量的一种，凡是能够释放出能量的物质，都会释放出电波。正像人们一直生活在空气中却看不见空气一样，人们也看不见无处不在的电波，电波就是这样一种与人从未谋面的朋友。

人们虽然看不见电波，但是在生活中却时时处处与之打交道，工作中使用的传真机，家庭的好帮手微波炉，天天都要观看的电视机，还有开车时要收听的无线电广播，等等。这些生活中时刻用到的东西，都是利用了电波的原理研制出来的。

如今，电波已经渗透进了人们生活中的各个角落，默默地发挥着自己的作用。

用电波传话

现在，让我们随着声音去做一次短途旅行，看看无线电话是怎样发送出去的。

假设，使用的是一只最普通的话筒，那么，声音跑进里面，推着弹性薄膜振几振，动几动，变成了强弱变化的电流，沿着导线来到了电子管或者晶体管中。

基本小知识

电子管

电子管，是一种最早期的电信号放大器件。被封闭在玻璃容器（一般为玻璃管）中的阴极电子发射部分、控制栅极、加速栅极、阳极（屏极）引线被焊在管坐上。利用电场对真空中的控制栅极注入电子调制信号，并在阳极获得对信号放大或反馈振荡后的不同参数信号数据。早期应用于电视机、收音机扩音机等电子产品中，近年来逐渐被半导体材料制作的放大器和集成电路取代，但目前在一些高保真的音响器材中，仍然使用低噪声、稳定系数高的电子管作为音频功率放大器件。

它们往往是从栅极或者基极进去，而从阳极或者集电极出来。这时候，它们的“个儿”长高了，“体力”增强了。我们说，音频电信号经过电子管或者晶体管得到了“放大”。

另一方面，一些电子管或者晶体管，跟线圈、电容在一起，组成了让电荷来回奔跑的道路，产生着高频率的振荡。

当把高频率的电磁振荡放大以后，跟放大了的音频信号一起，送到另外一只电子管或者晶体管的不同电极上的时候，奇妙的“合作”现象发生了：因为这只管子的工作既要听从高频振荡的指挥，又摆脱不了音频信号的影响，结果两种信号就相互叠加起来，变成了一个统一的整体。这就是“调制”。

基本小知识

卫 星

卫星是指在围绕一颗行星轨道并按闭合轨道做周期性运行的天然天体，人造卫星一般亦可称为卫星。人造卫星是由人类建造，以太空飞行载具如火箭、航天飞机等发射到太空中，像天然卫星一样环绕地球或其他行星的装置。

把声音电信号“装”到了高频载波上以后，经过一番放大，就像载重汽车装完了货物，加足了油，可以踏上征途一样，应该出发了。

接收天线

携带着声音信息的高频电磁信号，爬上天线，飞入空中，越过阡陌纵横的田野，跨过奔流向前的河川，开始了长途的旅行。因为它们要去的目的地远近不同，所以有时候信号要从高高耸立的铁塔上跃身而出，有时却只从人们背负的短短一根金属棒上脱身起步。特别有意思的是，在人造地球卫星遨游太空之后，现在地面上的人们打通一个无线电话，往往是先把无线电信号送到小小的卫星上，然后请卫星再转发到地面的。近几年，国内外已经开始把无线电话安装在小汽车里，所以即使坐在行驶中的汽车里，通过卫星的帮助，也能随时和世界各地拨通电话。

声音被截住了

电波在天空飞翔着，它不时地被一根根的接收天线截住。接收天线是无线电接收机的“触须”，是它首先接触各地来访的“客人”的。可是天空中这样的“客人”太多了，会使好客的收音机应接不暇。没有别的办法，收音机只好“选择”最受欢迎的宾客来接待。每当你稍稍转动一下收音机的旋钮，你总可以听到许多吱吱哑哑的声音，这就是一个个电台的信号在向你表示，它们在门口静候。

你完全用不着惊奇旋钮里有什么了不起的秘密，只要仔细地观察一下，就知道了，随着旋钮转动的，原来就是你早已熟悉了的电容器。

转动一下电容器为什么就能够选择不同的电台呢？这是因为我们利用了电的共振的缘故。什么叫做共振呢？要是你会荡秋千，你准知道，两只脚要是蹬得不是时候，不论你用多大的气力，也不能使秋千荡起来。如果“蹬”和秋千自己摆来摆去的“荡”合拍了，那么你就能越荡越高，越荡越好。

像这种外力的推动和本身的振动合起拍来的现象，就叫做共振。这是一个很值得注意的现象。

把共振应用到无线电里，就能用来选择不同的电台。因为当你转动电容器的时候，电容改变了，振荡电路的频率也跟着改变。如果电路的振荡频率刚好和那一家广播电台的相同，那么电的共振发生了，这家电台的信号就被你收到了。接收下来的信号，可能还非常微弱，而且它还含着听不见的高频载波。好在现在高频载波已经完成了历史任务，应当想办法把它去掉。这种从电波中把声音的电流找出来，就是“检波”。

经过检波以后的电信号，再放大一下，收音机的全部任务就完成了。把这个电信号送进耳机或者喇叭里，我们就听到了刚才从播音室里发出来的声音。

拓展阅读

共振的应用

电台通过天线发射出短波或者长波信号，收音机通过将天线频率调至和电台电波信号相同频率来引起共振。将电台信号放大，以接受电台的信号。电波信号通过天线向空中发射信号，短波通过云层发射，长波通过直接向地球表面发射。收音机的天线将共振磁环的频率调节至和电台电波信号相同时就会产生共振，电波信号将被放大，然后天线将放大后的信号经过过滤后传至喇叭发声。

知识小链接

电 台

1. 无线电台的通称。无线电台是指为开展无线电通信业务或发射电天文业务所必需的一个或多个发信机或收信机，或它们的组合（包括附属设备）。

2. 指广播电台。包括：调幅广播、调频广播。广播可分为无线广播、有线广播、数据广播。

3. 用于进行无线电台通信的技术设备。由发射机、接收机、天线、电源及附件组成

4. 网络电台，在网络上搭建的电台。

声音的嫁妆——无线电通信

在电子学方面，无线电通信和无线电广播的地位是非常重要的。现代的无线电通信及广播系统，依照无线电报的电码，发射出周期性的断续无线电波（等幅波），此种系统称为无线电报。发出经语言或音乐的调变后的无线电波，这种系统称为无线电话。

无线电系统所必须的最基本的元件有：

（1）产生无线电频率段的电波（即射频电波）发射机。

基本小知识

电子学

电子学是一门以应用为主要目的的科学和技术。它主要研究电子的特性和行为，以及电子器件的物理学科。电子学涉及很多的科学门类，包括物理、化学、数学、材料科学等。电子技术则是应用电子学的原理设计和制造电路、用电子器件来解决实际问题的科学。

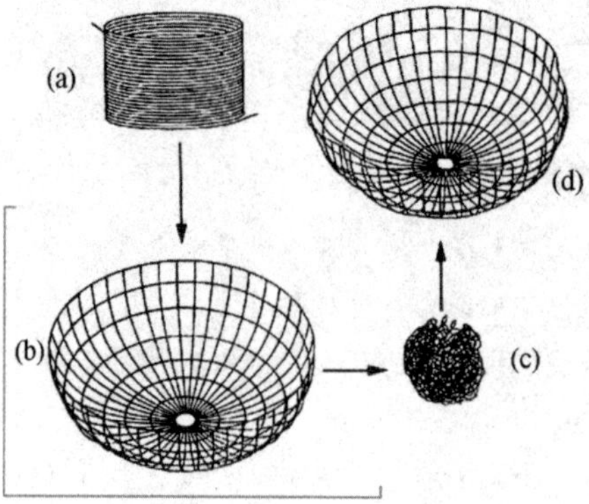

无线电通信示意图

（2）控制射频电波的电键，使所发射出的电波随所需传递的信息变化。

（3）发射天线将电波送至天空。

（4）接收天线接收电波。

（5）无线电接收机，用来选择及放大发射机所发来的信号，并将射频信号予以检波。

（6）扬声器或耳机将已经检波的电波变为声波，如此可得到所需的信息。

知识小链接

电 码

电码，是利用若干个有、无电流脉冲或正负电流脉冲所组成的不同的信号组合，其中每一个信号组合代表一个字母、数字或标点符号。电码构成的方法很多，现在一般通用的有“莫尔斯电码”和“五单位电码”两种。莫尔斯电码由点、画两种符号组成。五单位电码由五个单元组成，每个单元可以是“空”（。）或“传”（.）的符号。另一种电码是一组字母或一组数码代表电文中的一个字或一个短句，如在我国标准电码本上“0022”代表“中”字。

传真的奥秘

传真就是利用电线或通过无线电发送不动图像（信件、图片、照片、报纸等）。

传真的原理与电视相似，不过因为不动图像的发送可以延续足够长的时间，所以图像的分解速度及信号的发送速度都不要求很快。这种对图像的复合与分解，都可以采用机械装置；对于发送，可以采用相当窄的频带，也就是可以利用普通的通信线路，例如利用电话线路就可以传真。

宇航中拍摄的照片，都是采用电视的传真照相，这些照片是利用电波传送回来的“传真照片”。传真的照片是把传送的照片改为电信信号播放，由受信的接收站收取这些“电信信号”，再改成照片，同时也可收取世界各地的传真广播，遇有重大新闻时，可以收取照片，再行转印成的新闻照片分发，这种照片的价值及其功用是很高的。发放照片传真的地方，是先把照片卷在一个圆形筒上，这个圆筒以一定的速度旋转，在旋转的画面上，依靠一个很细小的光点，以扫描的方式扫过整个画面。照片的影像可以看作是由无数个深浅不同的小点组成，所以当扫描的光点扫到照射照片上的某个小点时，小点较浅的地方反射强，而在较暗地方反射弱。其光线反射的亮度不同，便由光电管（把光线变成电信号的电子管）反射光的强弱转变为电流的变化。于是，照片的图像被转变为电信信号。

传真机

基本小知识

胶　片

胶片就是银盐感光胶片，也叫菲林。现在一般是指胶卷，也可以指印刷制版中的底片。菲林都是黑色的，菲林的边角一般有一个英文的符号，是菲林的编号，标明该菲林是C、M、Y、K中的哪一张，是C、M、Y、K的其中一个（或专色号），表示这张菲林是什么色输出的，如果没有，可以看挂网的角度，来辨别是什么色。

电信信号再通过发信机将电波传播到很远的地方。受信一方的设备，恰好和发信地相反，把电流的变化改作强弱的光线，就可以在感光胶片上得到画片的底片，所以，受信的一方也要有如发信地方的那样圆筒，用同样速度旋转。在圆筒上套上感光片，为防止其他光线的干扰，圆筒必须装在暗箱里。

受信的接收机收到发来的电信时，把强弱不同的电信号变为扫描光点的强弱变化，光点扫到感光的不同部位，产生不同的曝光效果，从而得到从远方传送来的传真照片。

无线电发射机

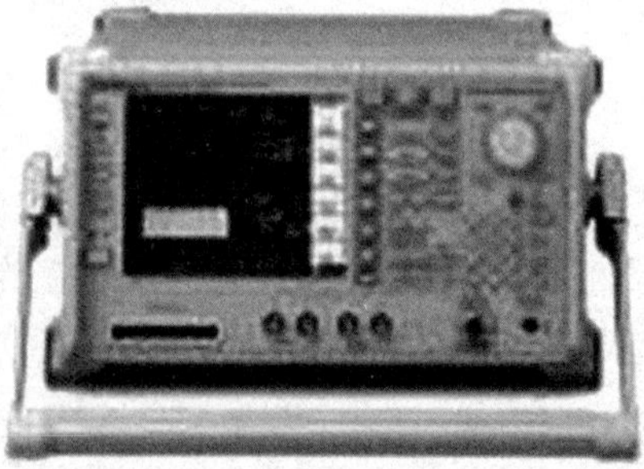

无线电发射机

无线电发射机可产生一定频率的射频能量，然后天线以电磁波的形式发射出去。为使发射机所发射的电波能为人所用，须将信息附于此发射电波上。在无线电报方向，发射机送出等幅波，同时依照无线电码使等幅电波时断时续，如此将所欲传出的信息加在所发射出的射频电波上。无线电话发射机是借调频或调幅方式，将所欲送出的语言或音乐信号，加在发射机所发出的载波上。无线电发射机的种类很多，按信号特性的不同，可分为无线电报发射机、无线电话发射机、无线电广播发射机、电视广播发射机等。

知识小链接

射　频

射频，表示可以辐射到空间的电磁频率，频率范围从 3 千赫 ~ 3000 吉赫之间，射频简称 RF。射频就是射频电流，它是一种高频交流变化电磁波的简称。每秒变化小于 1000 次的交流电称为低频电流，大于 10000 次的称为高频电流，而射频就是这样一种高频电流。

文化生活的“信使”——无线电广播

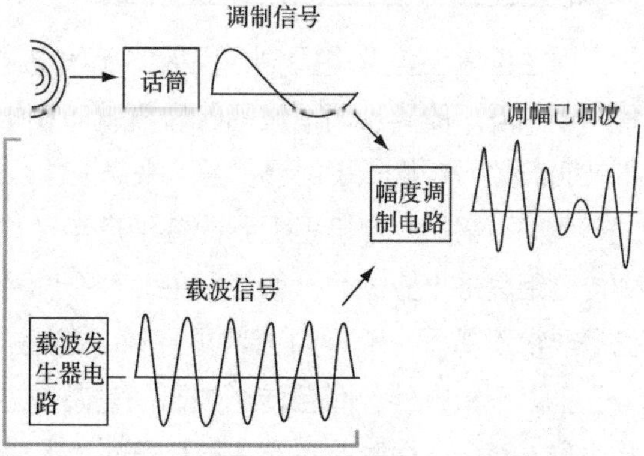

无线电广播示意图

发出的无线电波能携带语言或音乐等声音信号为广大听众服务，叫无线电广播。在无线电播音时，无线电广播电台，利用一种无阻滞的电波作为载波，并使播音管栅极电路中的线圈，与播音电路的线圈耦合。因此，语言音乐就被携带于载波上。利用所谓栅极转调的声波外差法，可将载波变成不等幅且随声波变化的电波。即好像在高频上驮着音频信号。收音机将此种电波接收并放大后，再加以检波。使之收到所需要的音频信号，然后输入到扩音器（或耳机）变成声音。

知识小链接

调　幅

一种调制方式，属于基带调制。使高频载波的频率随信号改变的调制。其中，载波信号的振幅随着调制信号的某种特征的变换而变化。例如，0或1分别对应于无载波或有载波输出，电视的图像信号使用调幅。调频的抗干扰能力强，失真小，但服务半径小。

无线电广播不但在文化生活方面起着巨大的作用，而且也是对广大人民群众进行政治思想教育的有力工具。在我国，由于党的领导和关怀，随着社会主义建设的胜利前进，无线电广播事业也有了迅速的发展。现在，全国已经建立了数以百计的广播电台，每天都在一定的时间，以一定的波长，用不同的语言或方言，广播着祖国建设中振奋人心的消息，宣传着党的政策。同时，还把变化的气象告诉大家，让人们掌握大自然跳动的脉搏，安排好生产和劳动；把优秀的文艺节目播送给听众，让人们的生活更加丰富多彩。

◎调幅与调频

现在世界上各个广播电台发射的无线电波有两种：一种叫调幅波，另一种叫调频波。能接收调幅波的收音机就叫调幅收音机，能接收调频波的收音机就叫调频收音机。下面我们重点来谈谈什么是调幅波。

我们平常从收音机里听到的各种声音（如人的说话声、音乐声等）本身的传播距离是十分短的，如某人在大声吼叫时，其他人能在30米开外听清楚已是非常不易了。而通过无线电广播（发射与接收），声音却可以传到上千米、上万千米以外，而且传送的时间是基本忽略不计的。这神奇的效果并不是声音本身所能做到的，而是声音通过“搭载”在无线电波上实现的。

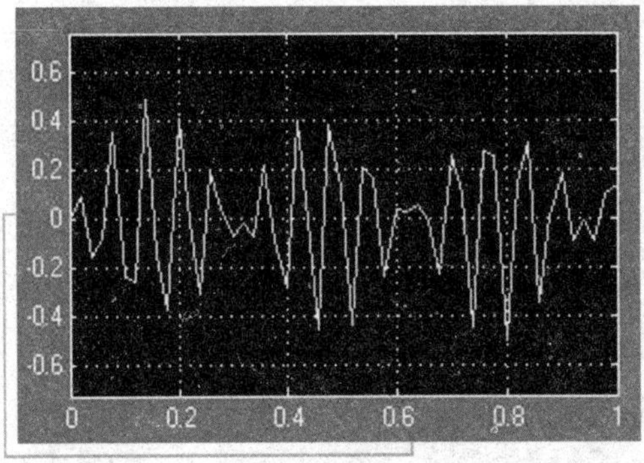

AM调制系统模型

我们知道，无线电波的传播速度是很快的，而且在空中传播损耗也非常小，这是实现快速而又远距离传播的先决条件。按无线电专业技术术语，把声音“搭载”在无线电波上叫“调制”，而被当作传播交通工具的无线电波则叫“载波”。把声音调制到载波的方式有两种：一种是让载波的幅度随着声音的大小而变化，这种方式叫调幅制，被调制后的电波我们称之为调幅波；另一种是让载波的频率随声音的大小而变化，这种方式叫调频制，被调制后的电波，我们称之为调频波。

◎什么是调幅（AM）

调幅是用无线电波传送信息的一种方法。尽管无线电波不传送声波，但它在传送所需的信息时可以产生特殊的声波。声波是通过压缩空气或使其变稀薄而产生的纵波。当发射无线电波时，调频信号能表示出通过改变或调节无线电波振幅而产生的密集和稀薄的变化量，压缩空气，产生高振幅无线电波。使气体变稀薄时，就发射出了低振幅无线电波。无线电接收器测量振幅的变化并将信息传送给播音员，他可以根据这个信息做出调整以发出最适合的声波。

◎什么是调频（FM）

调频或调频无线电波代表了播音员通过引起无线电波频率的微小变化使空气压缩或变稀薄。为了使空气压缩，无线电波的频率被略微加快；要使空气变稀薄，无线电波的频率就被略微地降低。一些调频电台比调幅电台有更大的频段，它们可以对频率做轻微的调节而不会干扰到邻近电台。

在电磁波频谱中如何能找到调幅和调频？调幅无线电位于频段 550 ~ 1600 千赫之间。而调频无线电位于频段 88 ~ 108 兆赫之间。其他的无线电频段，如警察使用的频段、电视频段和短波通信也使用调幅和调频传送信息的通信方法。

除了调频无线电通信外，还有哪些系统使用调节频率的方式传送声音信息呢？除了在 88 ~ 108兆赫频段之间的调频无线电通信外，其他广播频率使用调频以最大功率传送信息，这与调幅使用变化的功率是不同的。电视机的声音、移动手机系统和微波无线电系统都使用调频以高保真的声音传送信息。既然这些频率处于射频频谱的高端，要有效地使用调频只需要具有瞄准线射程（瞄准

拓展阅读

广播劣势

选择性和保留性差。传播效果稍纵即逝，耳过不留，信息的储存性差，难以查询和记录。

线性的传播方式，即广播内容按时间顺序依次排列，听众受节目顺序限制，只能被动接受既定的内容，选择性差。

广播只有声音，没有文字和图像，听众对广播信息的注意力容易分散。

线：能够直接从发射点到接受点的线）。

为什么许多微波传输系统在调频和调幅之间变化？一些高频微波传输系统在调频和调幅之间变化是因为高频的波动范围较小，就像调幅无线电传送一样，会经常受到其他频道的干扰。因此，随着调幅广播技术的发展，许多高频微波传输系统可以选择被称为单边带（简称 SSB）调幅传输的方式。单边带调幅能使微波传输系统传送的声音信号达到调频微波系统所传送声音信号的三倍多。然而，随着技术的不断进步，该系统已经被改变为脉冲码解调系统，这种数字传输系统可以传送更大量的即时信号。

◎ 调频电台如何传输立体声

立体声是由两个说话者发出两种单独的声音。无线电波每次只能传输一个频率，很难从两个说话者中得到两种不同的声音。

根据联邦通信委员会的统计，调频的频率只能在 50～1.5 万赫兹内对说话者产生声波（人的听力范围在 20～2 万赫兹之间）。尽管说话者不能产生超过 1.5 万赫兹的声音，但接收者可以接收这种高频信息。电台希望用立体声以 1.9 万赫兹将导频信号传送给接收者，这就可以将接收者所需的信息以立体声广播的方式传送了。

收音机作为一种接收工具，其内部线路是根据其所需接收的无线电广播（电波）的调制方式不同而采取不同的接收电路。现在一般较高档的收音机基本是调幅与调频两种广播均能接收，用户通过拨动收音机上的波段开关来选择即可。

◎ 收音机的工作原理是怎样的？

前面我们已经向读者介绍了无线电波与调制的概念，大家已知道广播电台是将声音信息调制在高频无线电波上再发射出去。

收音机的基本工作原理可以简单归纳为三步曲：第一步要接收到相应频率的无线电波，第二步是从无线电波上取出调制在其上的声音信息，第三步是把声音信息还原成人耳能听到的声音。

下面我们较详细地来介绍这三个过程：

1. 无线电已与我们人类的工作、生活密不可分，如广播、电视、无线通信等，可以说我们是生活在无线电波的包围中。用于无线广播的无线电频率是非常众多的，一个频率对应一个电台的一套广播节目，而一台收音机一次也只能收听一个频率的广播节目。这就提出了一个最基本的要求：收音机应能有选择性地接收无线电波的能力。事实上，收音机首先靠其本身配置的天线将各种频率的无线电波接收进来，然后通过一个具有选择功能的电路来选取听众所需收听的电台频率，此时自然就要将其他频率的无线电波过滤掉。这一选择过程就是我们常说的选台，专业术语应称之为调谐。

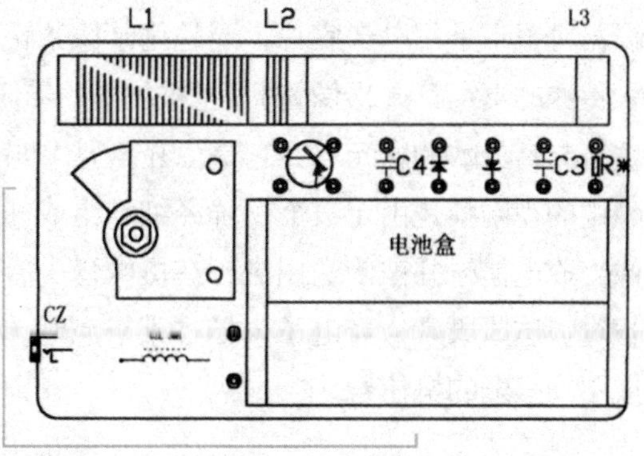

收音机工作原理

2. 在接收到我们所需收听的电台高频电波后，下一步就是把“搭载”在电波上的声音信息取下来。前面我们已说过，这个“搭载”过程叫调制，那么现在把声音信号取下来则称为解调。解调是通过特别设计的电子线路来完成的。调制的方式有调幅和调频两种，相对应的，解调的方式和采用的电子线路也是不相同的。需要说明的是，从天线上直接接收到的无线电信号是非常微弱的，在通过调谐电路后还需经过放大电路放大到一定幅度才能送往解调电路。

3. 从无线电波上解调出来的声音信息此时还是一种幅度很低的电信号，我们人耳是听不到的，还需要用功率放大电路将其放大，再通过喇叭或耳机才能还原成我们真正能听到的声音。

电视机是怎么成像的

电视是将分成无数因素的一系列静止图像，连续传送出。由于人类的视觉暂留功能，使连续出现的系列静止图像呈现景物移动的感觉。

电视摄影机，在外观上和电影摄影机一样，可是内部却大不相同。电视摄影机里不是用电影底片，而是用录像带记录影像的动作。它主要是利用一种特殊的真空管（摄像管），把被拍摄的影像投影到管内的幕或像屏上。屏上覆有异常灵敏的感光层，它是由几十万个叫作“象素”的小点组成，就像眼睛中的视网膜是由无数个视神经细胞组成一样。为了把投影到感光屏上的影像变成电信号并被传送出去，在摄像管内有一电子束从左到右、从上到下地扫过。这些象素，当电子束扫过某一点时，这点就能把它感受光的强弱，变成不同强弱的电信号。

在我国的电视系统中，最普通的电视画面是由600多行，每行又有800多个小点组成的。在播送电视时，每秒钟要播出25幅画面。可见图像所产生的电信号的变化是极为迅速的。电讯号的强弱又对传送信号的无线电波进行调制。调制好的无线电载波，就从电视发射天线发射出去。当你打开电视机，选送这些调好的电波时，就是利用这些电波来控制显像管里的电子束。电子束在每秒钟内多次自上而下地扫过荧光屏的每一部分。由电波携带的电视图像信号控制着扫描电子束的强弱。强弱变化着的电子束打到荧光屏上，产生亮暗不同的光点，从而扫出各种图像。所以，屏面上的画景，就和若干里外摄像机所拍摄的画景完全一致。电视的发声和收音机的原理是相同的。

广角镜

纯平彩电

彩电的屏幕是全平面的，图像如“相片”一样。显示屏幕的每个角落都能忠实地再现逼真图像，并能正确地显示图形和文字。镜面电视的图像真实，外来杂散光很少，视角宽阔，看惯了球面管电视图像，在看纯平彩电时，尤其是二者在一起比较时，纯平电视图像会有一种凹进去的感觉，这是人眼初看不适应而造成的。纯平彩电是相对于超平彩电、平面直角彩电、球面彩电而言的。

◎天线的尺寸在无线电波的接收中起到了重要的作用吗？

天线的长度决定了它接收的最佳频率。电视机天线的一般规则是天线的长度应该是它想要接收的波的波长的一半。这样就允许在接收天线中被感应到的电流以特定的频率产生共振。

不用遵守上述规则的是环形天线。有磁性的金属环形天线能在晶体管收音机中找到，它只接收调幅波段的低频无线电波。为了接收低频的调幅波段，半波长的直金属天线的无线电波必须非常长。晶体管收音机中的环形天线对无线电波的振动磁场起反应，反而能感应到一个巨大的电流。

家用电视机的天线通常有一个宽频带宽和一个小的倍率。宽频带宽允许天线去接收比窄频带宽的天线所能接收的更大的频率。然而，更宽的频带虽然取代了窄频波段宽，却影响了天线的倍率和灵敏度。

知识小链接

底 片

底片又译作“菲林”。现今广泛应用的底片是将卤化银涂抹在乙酸片基上，当有光线照射到卤化银上时，卤化银转变为黑色的银，经显影工艺后固定于片基，成为我们常见到的黑白负片。彩色负片则涂抹了三层卤化银以表现三原色。除了负片之外还有正片及一次成像底片等等。

家庭的好帮手——微波炉

◎微波炉

大清早，打开微波炉热两片面包或热碗豆浆，一两分钟就可完成。

微波炉的外部结构主要由腔体、门、控制面板组成。内部结构由电源部、磁控管部、炉腔部、炉门部等四个部分组成。微波炉是利用全机之心脏——磁控管，所产生的 24.5 亿次/秒的超高频率微波快速震荡食物内的蛋白质、脂肪、粮类、水等分子，使分子之间相互碰撞、挤压、摩擦重新排列组合。

微波是一种高频率的电磁波，具有反射、穿透、吸收等三种特性。

家庭好帮手——微波炉

反射性：微波碰到金属会被反射回来，故采用经特殊处理的钢板制成内壁，根据微波炉内壁所引起的反射作用，使微波来回穿透食物，加强热效率。但炉内不得使用金属容器，否则会影响加热时间，甚至引起炉内放电打火。穿透性：微波对一般的陶瓷器、玻璃、耐热塑胶、木器、竹器等具有穿透作用，故为微波烹调用的最佳器皿。

吸收性：各类食物可吸收微波，致使食物内的分子经过震荡、摩擦而产生的热能。但其对各种食物的渗透程度视其质与量的大小、厚薄因素而有所不同。

◎ 微波的污染和微波炉泄漏的必然性

微波炉通过释放微波产生的能量来加热食物，属于电磁辐射。据辐射测评报告，微波炉的电磁辐射是其他家电的几倍。虽然有一段时间，光波炉在市场上因为其技术的创新掀起一阵热潮，但是光波炉仍然存在电磁辐射现象。

据专家介绍，光波实质上就是微波炉的辅助功能，只对烧烤起作用。没有微波，光波炉只相当于普通烤箱。市场上的光波炉都是光波、微波组合炉。在使用中既可以微波操作，又可用光波单独操作，还可以光波微波组合操作。也就是说，光波炉兼容了微波炉的功能。而电磁辐射就是能量以电磁波的形式通过空间传播的现象。无线电波和光波都是电磁波，因此，无论何种形式的微波炉，在使用时都要尽量小心。

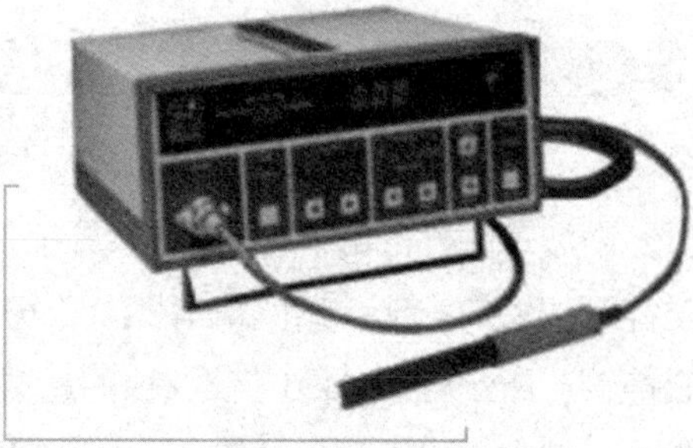
微波炉泄露检测仪

人体与微波辐射源（如工作的微波炉）距离很近时，可能受到过量的辐射能量而产生头昏、睡眠障碍、记忆力减退、心动过缓、血压下降等。研究发现，当人眼靠近微波炉泄漏处约 30 厘米，微波漏能达 1 毫瓦/厘米^2 时，会突然感到眼花，眼底检查见视网膜黄斑部上方有点状出血。微波炉的加热腔体采用金属材料做成，微波不能穿透出来。微波炉的炉门玻璃是采用一种特殊的材料加工制成，一般设计有金属防护网、载氧体橡胶、炉门密封系统和门锁系统等安全防护措施，可以防止微波泄漏。人体最容易受到微波伤害的部位是眼睛的晶体。如果眼睛较长时间受到超过安全规定的微波辐射，视力会下降，甚至引起白内障。

知识小链接

频　率

频率，是单位时间内完成振动的次数，是描述振动物体往复运动频繁程度的量，常用符号 f 或 v 表示，单位符号为 Hz。为了纪念德国物理学家赫兹的贡献，人们把频率的单位命名为赫兹，简称“赫”。每个物体都有由它本身性质决定的与振幅无关的频率，叫做固有频率。频率概念不仅在力学、声学中应用，在电磁学和无线电技术中也常用。交变电流在单位时间内完成周期性变化的次数，叫作电流的频率。

应对微波炉电磁辐射的办法有：在开启微波炉后，人最好离开一米左右；微波炉工作结束后，等待一段时间再开启微波炉；最好使用微波炉防护罩，经常用微波炉烹煮食品可以穿着屏蔽围裙、屏蔽大褂；当微波炉使用一段时间后，应当经常检查炉门有无机械性损伤，若开启不正常应及时送到专业部门维修，防止微波泄漏。

专家总结出了一个行之有效的好方法来帮助你对微波炉进行安全性检查：打开微波炉，拿着收音机站在一旁，如果收音机受到干扰的话，那么就表明你的微波炉有可能会泄露电磁波，需要修理或者调换。

所以，为了您和家人尤其是下一代的健康，请您提高电磁辐射防护意识，购买带有电磁辐射的家电产品时，一定要慎重选择。

只要正确使用微波炉，就不会对人体产生危害。

家用微波炉微波的频率是 2450 兆赫，这种微波不能透入人体伤害内部的器官和组织，只能使皮肤和体表组织发热而已，只要不是持续长时间地辐射，一般不会对健康构成危害。

科学家发现从微波炉中泄露出来的微波在空间传播时，它的衰竭程度与离微波炉的距离平方大致成反比关系。这就是说，假如在微波炉炉门处每平方厘米的微波炉泄露有 10 毫瓦的话，那么在 1 米以外的空间只有 0. 001 毫瓦的强度。何况微波炉炉门实际的泄露量要远远低于这个数值，国际标准严格规定微波炉微波泄露量不得大于 5 毫瓦/厘米^2，我国一些生产厂家的出厂技术要求都控制在国际标准的 1/5，即 1 毫瓦/厘米^2 以内，是国际标准泄漏量的 1/50。每一台微波炉在制造的每一个环节中，都经过严格的检查，确保微波不外泄。

微波炉的门经过特别的设计，有多重安全保护装置，在使用过程中，门打开的瞬间，微波炉立即停止工作，以确保使用者的安全。以世界上微波炉普及率最高的美国来说，90% 以上的家庭都在使用微波炉，全世界微波炉的年销售量已达近 3800 万台，到目前为止，还没有一例因微波炉使用引起对人体伤害的报道。

你知道吗

微波炉加热不易时间过长

如果用微波炉加热牛奶时间过长，会使牛奶中的蛋白质受高温作用，由溶胶状态变成凝胶状态，导致沉积物出现，影响乳品质量。牛奶加热的时间越长、温度越高，其营养流失就越严重，其中维生素 C 流失得最厉害，其次是乳糖。

人体中的神秘电波

在医院，时常看到有做脑电图的病人，那么，脑电图是怎么来的？它是什么？原来，脑电图是大脑电波的图纸显现。看到这里，人们不免惊讶："脑电图我知道，但是大脑里有电波就有点匪夷所思了。"其实，不用惊讶，人体中的确存在着电波。

人类的潜意识，以及人们口中说的"灵魂"，用科学的解释，它们都是人体散发出来的电波。

另外，有些不治自愈的疾病也和电波有着莫大的关系。比如，人体会自动排出身体毒素，维持身体的动态平衡，这都是意识与人体电波的作用。

“微小的发电站”

拓展阅读

大脑的可塑性

加拿大科学家在对11位先天失明者和11位正常人进行研究后发现，大脑具有惊人的可塑性。正常情况下，与眼睛相连的视觉信息处理与空间感知脑区也能与声波信息进行重新连接。因此，一些先天性失明的盲人来感知空间，实现“以耳代目”。

人身上都有磁场，但人思考的时候，磁场会发生改变，形成一种生物电流通过磁场，而形成的东西，我们就把它定位为“脑电波”，通过能量守恒，我们思考的越用力，形成的电波也就越强，于是也就能解释为什么大量的脑力劳动会导致比体力劳动更大的饥饿感。生物电现象是生命活动的基本特征之一，各种生物均有电活动的表现，大如鲸鱼，小到细菌，都有或强或弱的生物电。其实，英文细胞一词也有电池的含义，无数的细胞就相当于一节节微型的小电池，是生物电的源泉。

人体也同样广泛地存在着生物电现象，因为人体的各个组织器官都是由细胞组成的。对脑来说，脑细胞就是脑内一个个“微小的发电站”。

知识小链接

生物电

生物的器官、组织和细胞在生命活动过程中发生的电位和极性变化。它是生命活动过程中的一类物理、化学变化，是正常生理活动的表现，也是生物活组织的一个基本特征。

话说脑电图

我们的大脑无时无刻不在产生脑电波。早在1857年，英国的一位年轻生理科学工作者卡通在兔脑和猴脑上记录到了脑电活动，并发表了《脑灰质电现象的研究》论文，但当时并没有引起重视。15年后，贝克再一次发表脑电波的论文，才掀起研究脑电现象的热潮，直至1924年德国的精神病学家贝格尔才真正地记录到了人脑的脑电波，从此诞生了人的脑电图。

这是一些自发的有节律的神经电活动，其频率变动范围在每秒1~30次之间，可划分为4个波段，即δ波（1~3赫兹）、θ波（4~7赫兹）、α波（8~13赫兹）、β波（14~30赫兹）。

δ波，频率为1~3次/秒，当人在婴儿期或智力发育不成熟、成年人在极度疲劳和昏睡状态下，可出现这种波段。

θ波，频率为4~7次/秒，成年人在意愿受到挫折和抑郁时以及精神病患者这种波极为显著。但此波为少年（10~17岁）的脑电图中的主要成分。

α波，频率为8~13次/秒，平均数为10次左右，它是正常人脑电波的基本节律，如果没有外加的刺激，其频率是相当恒定的。人在清醒、安静并闭眼时该节律最为明显，睁开眼睛或接受其他刺激时，α波即刻消失。

拓展阅读

脑电图伪差及引起伪差的常见因素

脑电图的伪差又称伪迹或干扰，是指来自脑外的电位活动在脑电图中的反映。伪差的出现常给阅读、分析、判断脑电图造成困难，尤其是某些伪差与痫波很相似，临床上很容易造成误诊，因此正确识别和排除伪差是很重要的。

引起伪差的因素很多，表现也多种多样，但归纳起来有来自仪器和人体两个方面，其中来自仪器的伪差有：描记仪的故障，电极接触不良或故障，交流电干扰等。来自人体的伪差有：眼睑及眼球运动、肌肉收缩、心电图、呼吸、哭泣、皮肤出汗、血管搏动等。

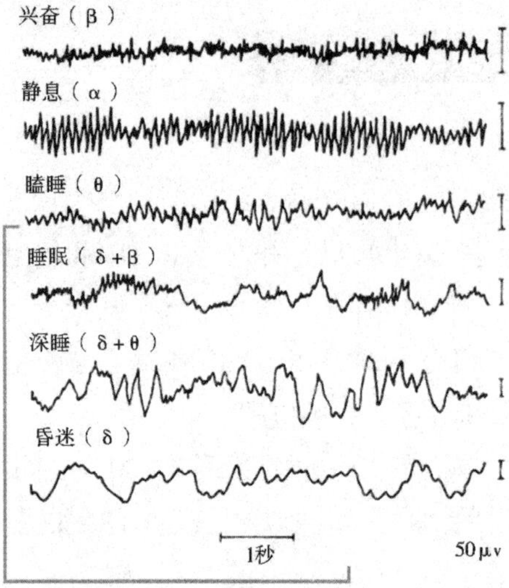

脑电图

β 波，频率为 14～30 次/秒，当精神紧张和情绪激动或亢奋时出现此波，当人从睡梦中惊醒时，原来的慢波节律可立即被该节律所替代。

在人心情愉悦或静思冥想时，一直兴奋的 β 波、δ 波或 θ 波此刻弱了下来，α 波相对来说得到了强化，因为这种波形最接近右脑的脑电生物节律，于是人的灵感状态就出现了。脑电波的节律来源于丘脑，科学家曾将动物大脑皮层与丘脑的联系切断，脑电波的节律消失，而丘脑的电节律活动仍然保持着。如果用 8～13 赫兹的电脉冲刺激丘脑，在大脑皮层可出现类似 α 节律的脑电波。因此，正常脑电波的维持需要大脑与丘脑都要完好无损。

另外，大家都知道“电生磁、磁生电”的道理，也就是说，电场与磁场总是相伴而生的。既然人脑有生物电或电场的变化，那么肯定有磁场的存在。果然，科学家科恩于 1968 年首次测到了脑磁场。由于人脑磁场比较微弱，加上地球磁场及其他磁场的干扰，必须有良好的磁屏蔽室和高灵敏度的测定仪才能测到。1971 年，国外有人在磁屏蔽室内首次记录到了脑磁图。脑磁测量是一种无损伤的探测方法，可以确定不同的生理活动或心理状态下脑内产生兴奋性部位，无疑是检测脑疾病的有效方法之一。

脑电波或脑电图是一种比较敏感的客观指标，不仅可以用于脑科学的基础理论研究，而且更重要的意义在于它的临床实践的应用，与人类的生命健康息息相关。

科学研究发现，在脑电图上大脑可产生四类脑电波：当您在紧张状态下，大脑产生的是 β 波；当您感到睡意蒙眬时，脑电波就变成 θ 波；进入深睡时，变成 δ 波；当您的身体放松，大脑活跃，灵感不断的时候，就导出了 α 脑电波。

到现在为止，我们讲述的大部分内容是属于逻辑性的，是“左脑”活动。但为了利用你右脑和潜意识的惊人力量，高效学习的真正钥匙可以用两个词来概括，即放松性警觉。这种放松的心态是你每次开始学习时必须具备的。许多研究人员和教师相信，人们可以通过潜意识很好地学习大量信息。最适于与潜意识的脑电波活动是以 8～12 周/秒速度进行的，那就是 α 波。英国快速学习革新家科林·罗斯说：“这种脑电波以放松和沉思为特征，是你在其中幻想、施展想象力的大脑状态。它是一种放松性警觉状态，能促进灵感、加快资料收集、增强记忆。α 波让你进入潜意识，而且由于你的自我形象主要在你的潜意识之中，因而它是进入潜意识唯一有效的途径。”

人一般是怎样取得那种状态呢？数以千计的人通过每天的静心或放松性活动、特别是深呼吸来取得。但是，越来越多的教师确信，几种音乐能更快、更容易地取得这些效果。韦伯指出：“某些类型的音乐节奏有助于放松身体、安抚呼吸、平静 β 波振颤，并引发极易于进行新信息学习的、舒缓的放松性警觉状态。”当然，正如电视和电台广告每天证实的那样，当音乐配以文字，许多种音乐能帮助你记住信息内容。但是研究人员现在已经发现，一些巴洛克音乐是快速提高学习的理想音乐，一部分原因是因为巴罗克音乐 60～70 拍/分的节奏与 α 脑电波一致。

技巧丰富的教师现在将这种音乐用作所有快速学习教学的一个重要组成部分。但对于自学者

广角镜

脑磁场

大家都知道“电生磁、磁生电”的道理，也就是说，电场与磁场总是相伴而生的。既然人脑有生物电或电场的变化，那么肯定有磁场的存在。果然，科学家于 1968 年首次测到了脑磁场。由于人脑磁场比较微弱，加上地球磁场及其他磁场的干扰，必须有良好的磁屏蔽室和高灵敏度的测定仪才能测到。1971 年，国外有人在磁屏蔽室内首次记录到了脑磁图。脑磁测量是一种无损伤的探测方法，可以确定不同的生理活动或心理状态下脑内产生兴奋性部位，无疑是检测脑疾病的有效方法之一。

脑电波或脑电图是一种比较敏感的客观指标，不仅可以用于脑科学的基础理论研究，而且更重要的意义在于它的临床实践的应用，与人类的生命健康息息相关。

来说，眼前的意义是显而易见的，即当你晚上想要复习学习内容时，放恰当的音乐就会极大地增强你的回忆能力。α 波也适合于开始每一次新的学习。很简单，在开始前，你当然得清理思路。将办公室的问题带到高尔夫球场上，你就打不好球，会心不在焉。学习也是如此。从高中法语课马上转上数学课，这会难于“换档”。但是花一会儿时间做做深呼吸运动，你就会开始放松。放一些轻松的音乐，闭上眼睛，想想你能想象到的最宁静的景象——你很快会进入放松警觉状态，这一状态会更易于使信息“飘进”长期记忆之中。

因此可以说，α 脑电波它可以通过冥想、放松、深呼吸等方法获得，而巴洛克音乐，是效果最快、最好的导出方式。因此，在我们的训练过程中，始终辅以轻快优雅的巴洛克音乐背景，既排除外界干扰，又可使大脑处于最佳学习状态，达到事半功倍的学习效果。

特殊的“场”——意识现象

意识是一种内在包含精神因素的高级物质，意识是一种特殊的场，是脑电波负载的信息和能量，它可以改变周围的事物。大脑是大自然开出的最美丽的花朵，它包含着人类在亿万年进化过程中所积累的经验和智慧的基因。意识是脑的功能传导系统以及与外部世界沟通的渠道，脑电波每个人都有，而且具有不同的频率；大脑既是发射器，也是接收器。人体是内宇宙、自然界是外宇宙，都是开放复杂的巨系统，相互发生信息和能量交流。处于“功能态”的人的各感受器官处于开放状态，非常敏感，具有无穷的智慧和精力，可以达到心想事成的境界，创造出人间奇迹。意识与脑电波之谜的解开，将会把人类文明提

意识的残留

升到一个新的境界。

意识是哲学、心理学、人类文化学等人文社会科学研究的重要范畴，目前又进入自然科学的研究视野，成为物理学、生物学、生命科学、人体科学、脑科学关注的焦点，世界上最著名的科学家关注的焦点问题是——意识现象。

知识小链接

生物学

生物学是自然科学的一个门类。研究生物的结构、功能、发生和发展的规律。以及生物与周围环境关系的科学。生物学源自博物学，经历了实验生物学、分子生物学而进入了系统生物学时期。

辩证唯物主义认为，意识是客观世界的主观映象，是对外部世界的投影、模写：“人的意识不仅反映客观世界，而且创造客观世界。”（列宁语）因为人有主观能动性，人可以根据自己的意愿创造出一个适合于自己的世界，供自己享受和欣赏。

人用自己的意识建构世界。人与所有的生命群体共同拥有现实世界的同时，人还拥有一个神奇的世界——理想世界，这个世界与现实世界一样奥妙无穷。宗教、艺术、道德、教育、科学、政治、法律思想、哲学等意识形态就是人类所拥有的理想世界，虽然现实世界的丰富性我们叹为观止，而理想世界的潜延性更使我们感到震惊。

大自然在人类诞生以前已经存在，因此，不能说大自然是由人类创造的。当然上帝创造世界之说，只是表明人类企图借“上帝的力量”来主宰这个世界。上帝本身就是一个精神实体，是真善美的化身，是无所不能的。因为人的生命和能力都是有限的。人生是一个悲剧，从诞生的那一天就开始向死亡迈进，只是因为这还不是迫切的现实威胁，而且由于现实生活的匆忙，人们不去思考这个问题罢了！孔子主张“敬鬼神而远之”（《论语·雍也》）就是一种明智的态度。而西方人和伊斯兰人有深厚的宗教传统，也是文明的一种表现。

宗教是一种意识，一种文化。“宗教是被压迫生灵的叹息，是无情世界的感情”（马克思语）。宗教是一种敬畏精神，对造物主神奇力量的敬畏，对道德律令的敬畏和对灵魂圣洁的敬畏，这大概是宗教虽经打击、依然顽强存在的根本原因。

基本小知识

辩证唯物主义

辩证唯物主义是马克思、恩格斯批判地吸取德国古典哲学——黑格尔的辩证法的“合理内核”和费尔巴哈唯物论的“基本内核”，在总结自然科学、社会科学和思维科学的基础创立的一系统科学的逻辑理论思维形式。

奇特的意识“功能态”

意识是脑的机能，这是生物学、心理学的观点。从一定意义上说，生物学、化学、生命科学、脑科学等都是物理学的延伸。现在物理学回过头来，又来研究人类在千百年来智慧的大脑思考最多的问题——意识、灵魂、鬼神等。意识问题由哲学心理问题进入科学家视野，是因为自然科学的前沿阵地是生物学，而生物学的前沿是脑科学。脑的机能曾经是一个黑箱，人工智能的发展返过来又促进了脑科学的发展，而意识作为脑的机能的命题，促使意识现象成为科学家关注的焦点。

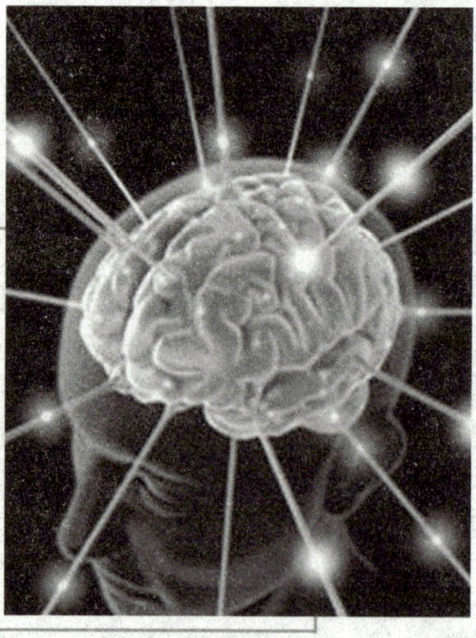

意识与大脑

意识是怎样发生的？意识与大脑自身的结构有什么关系？在什么情况下会发生意识的迁移？意识是否会在不同的大脑之

间进行传递？为什么有些人的意识很强烈，而有些人却很弱，等等，这些问题不仅是哲学和心理学问题，更是科学问题，通过纯粹的思辩是不能给予合理的解释的，因此，通过观察、实验，尤其是内省、体验便成了解开意识之谜的钥匙。

意识是一种内在包含精神因素的高级物质，意识是一种特殊的场，是脑电波负载的信息和能量，它甚至可以控制周围的事物。人在一定的功能态下，有着巨人的能量。意识可以创造一个世界、一个完美的世界，从而达到心想事成的自由境界，并且使人的潜能得到最大限度的开发，使人的聪明才智得到淋漓尽致地发挥。

处于功能态的脑电波和意识流，会不断地创造出奇迹。比如，只要你迫切地想见某一个人，那人就千里万里来与你相会；比如，你想听某一首歌，打开电视，唱的就是这首歌；你想找一个字，把字典翻开就是你想要找的字。一个人 1998 年买了一块石英表，表门上有个“爱”字，结果先后找寻到的两位女朋友的名字中都有“爱”字，现在他跟其中一位已经结婚，过着幸福的生活。大概是手表戴在手上，经常看“爱”字便深深地印在脑海中，成为一种潜意识，而且不断得到强化，从而成了一个有着巨大能量的信息场，才有了上述奇迹的出现。

意识是脑的功能，人脑是大自然亿万年进化的产物，是最高级的物质，是自然开出的最神奇的花朵。它既是接收器，更是发射器。人的大脑得到的信息按照意识进行加工整理，储存起来；一部分人们可以意识到，多数就

你知道吗

左脑和右脑

大脑就是你自己的智囊。科学研究证明，大脑分为左半球和右半球。左半球是管人的右边的一切活动的，一般左脑具有语言、概念、数字、分析、逻辑推理等功能；右半球是管人的左边的一切活动的，右脑具有音乐、绘画、空间几何、想象、综合等功能。

人的左、右半脑是不平衡发展的，统计显示，绝大多数人是左脑发达。全球有 10% 的人是左撇子，即右脑比较发达。而左、右脑的发育程度不同，隐含了你的很多特质和天赋的秘密；理解数学和语言的脑细胞集中在左半球；发挥情感、欣赏艺术的脑细胞集中在右半球。

进入潜意识。当意识能量很大、愿望很强烈的时候，他就会发射出强烈的脑电波寻找可能获取的信息，就可能控制与之相联系的人的意识和周围的事物。而有血缘关系的亲人之间的脑电波本身就是相通的，所以心灵感应、托梦等现象就不难解释。

著名科学家钱学森认为“人（人体）是非常复杂的系统，我们称之为巨系统。这个巨系统又是开放的，和整个环境乃至宇宙巨系统在一定的时间里，处于一定的功能态，而中医、气功、人体特异功能，都是和人所在的人体功能相关的。功能态不是固定的，可以由一种功能态变为另一种功能态。”

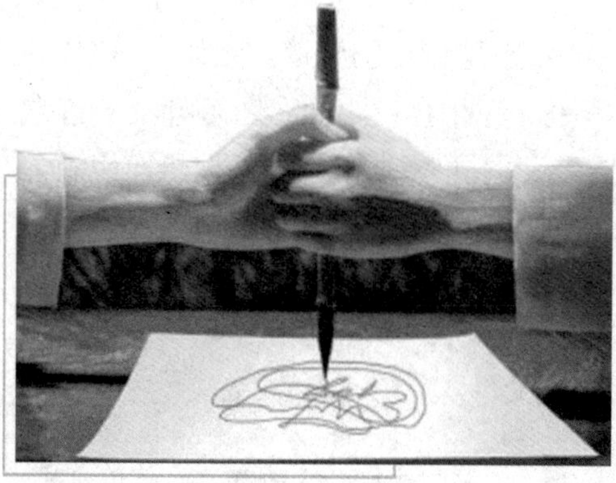

幻觉与意识

意识控制周围事物的能力的大小，与钱老说的“功能态”有很大的关系。而“功能态”的出现与主体自身的遗传、天赋、气质、性格、经历、追求、心态等因素有关，尤其与其精神境界有很大的关系。要保持这种“功能态”并不是一件十分容易的事情，功能态是可遇不可求的。而且进入了这种“功能态”（类似于马斯洛所说的“高峰体验”），就会有超人的智慧，强烈的意志，充沛的精力，就会创造出一个个奇迹。

意识是融会了精神的超级物质，它内在的包含着人的目的、意图、理性，而它的载体是脑电波。每个人都有脑电波，而其频率是不一样的。亲人、朋友、熟人之间经常进行交流，脑电波的信号就会接通，所以就会互相猜透对方的心事。而你崇拜某一个人，阅读他的著作、传记，感受他的喜怒哀乐，理解他的处境和生命历程。那个人死了，但他的信息可能还存在并录制在某些地方，像古战场的厮杀声被录制下来，在特殊的情况下，人们可听到一样。你崇拜某个伟人就可能与他的信号接通，他的智慧就可能迁移到你的大脑中。

“灵魂”——脑电波的寄体

人体内的精神所在

灵魂与肉体的关系是哲学家长期争论不休的问题。历史上形成的主要观点是：灵魂主宰肉体，同时灵魂也可以离开肉体，肉体也可以压迫灵魂（基督教）。但是这一切都是无稽之谈。其实，所谓的灵魂也就是我们人体内的精神之所在。

灵魂是意识的内核，灵魂对人做终极关怀，灵魂安详，意识就会清新；灵魂动荡不安，意识就会茫然。灵魂与一个人的境界、精神气质、良心良知有很大的关系。意识对灵魂可以进行引导，必须经常问问自己的内心：你活得快活吗？你所追求的是你真正想要的吗？你对自己的生存状态满意吗？也就是说要拷问自己的灵魂。宗教与艺术在一定意义上就是与心灵的对话，使人的灵魂得到净化，精神得到升华。

中国人所说“多行不义必自毙”，我想大概与脑电波有关系。积怨甚多，人们就会诅咒，发射的脑电波就像复仇的子弹，将恶人的脑细胞杀死，所以恶人一般不会善终。毛泽东信奉“恶有恶报，善有善报，不是不

拓展阅读

脑电波的节律来源于丘脑

科学家曾将动物大脑皮层与丘脑的联系切断，脑电波的节律消失，而丘脑的电节律活动仍然保持着。如果用8～13赫兹的电脉冲刺激丘脑，在大脑皮层可出现类似α节律的脑电波。因此，正常脑电波的维持需要大脑与丘脑都要完好无损。

报，时间未到，时间一到，一切全报。”善良的人，人们想到他心里就喜悦，发生的信息也是柔和的，所以“仁者寿”。

意识是以脑电波为传导工具，或者说意识控制着脑电波，人活着的时候，脑电波的存在是不言而语的，那么人死后，就有没有意识存，那么人所控制的脑电波就会戛然而止，所谓的“灵魂”也就因此而消失。所以我们要正确对待意识与脑电波的关系，迷信的说法我们一定要摒弃。

“心诚至灵”、“精诚所至，金石为开”、“信则有，不信则无”，这是中国民间对宗教所持的态度和看法。用意识和脑电波的学说来解释，神实际上也是人的意识建构的一个东西，久而久之形成了一个信仰系统，有他的教义、情感、价值观念，甚至一定的偶像，众信徒诚心供奉就会形成一个强大的信息场或者意识流，而与信徒个人的脑电波发生共鸣，从而产生奇迹，使信徒的愿望得以实现。

人体疾病与脑电波有什么关系

世间所有生物的个体是个内宇宙、自然界是外宇宙，都是开放复杂的巨系统，相互发生信息和能量交流，都是一个复杂的加工厂，从外宇宙摄取食物与能量，内宇宙系统分泌各种化学物质进行排毒与解毒，实现一个动态平衡的过程。

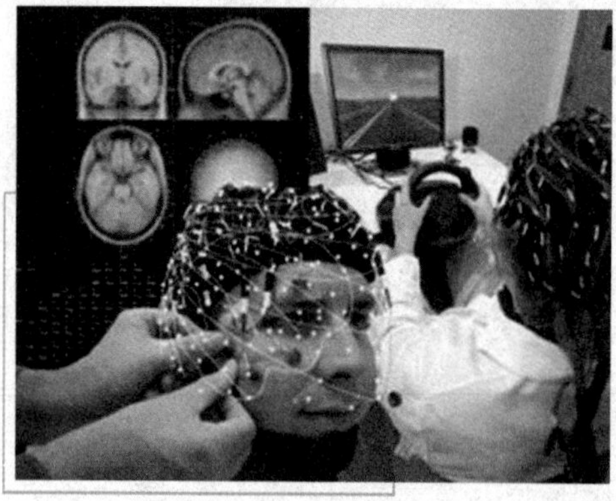

人体疾病与脑电波

现有科学的很多成果都是相对论，比如说毒素，很多的研究都是以人的生命体作为研究的对象，对人体伤害越强，我们认为其毒性也就越大。例如，曾经有过的一个科教片《动物与植物大战》，当植物感应到被其他生物入侵，咀嚼吞食其根系与枝叶时，植物体会快速分泌毒素，散布到所有的根系与枝叶上，让入侵者中毒或自动离开，人侵生物在感知毒素后，要么离开，要么会立即调整内分泌系统，配制相应的解药，进行解毒与排毒，继续摄取食物补充自身能量。再例如，含羞草科的植物，在感应有生物入侵后，会将枝叶关闭或树干发生抖动，以此来惊吓入侵者，让其自动离开。

知识小链接

血液循环系统

人类血液循环是封闭式的，由体循环和肺循环两条途径构成的双循环。血液由左心室射出经主动脉及其各级分支流到全身的毛细血管，在此与组织液进行物质交换，供给组织细胞氧和营养物质，排除二氧化碳和代谢产物，动脉血变为静脉血。再经各级静脉汇合成上、下腔静脉流回右心房，这一循环为体循环。血液由右心室射出经肺动脉流到肺毛细血管，在此与肺泡气进行气体交换，吸收氧并排除二氧化碳，静脉血变为动脉血，然后经肺静脉流回左心房，这一循环为肺循环。

世间所有生物都有各自的感知系统，从内宇宙和外宇宙感应收集各种信息，将所有信息汇总，作出相应的决策，调动和调节各单位密切合作，共同应对内宇宙和外宇宙的变化，实现动态平衡。这也就不难解释为什么在大灾大难面前，有很多生物提前发出信息，做出很多人类认为异常的举动。它们之所以有这样的举动，是因为它们已经感应到将要发生什么样的灾难，自己必须逃离家园，到空旷的地方，避开灾难的降临。所有生物体的感知存在很大的差异，人类之所以没有在灾难之前做出反应，那是因为人类已经没有这方面的感知能力，或这方面的感知能力已经退化。人类在漫长的岁月中积累了大量的智慧，使人类的生存环境和生活质量得到很大的改善与提高，正因为生活条件的优越，更让人类失去对自然界的警觉，无视自然界其他生物的异常举动，我想这应该是人类无法应对自然灾害的主要原因之一吧！

从上述的观点我们可以得出这样的结论，人类摄取的食物相对有一定量的毒素，人的内分泌系统是一个复杂的加工厂，根据感知系统传回的信息，实时调整内分泌系统，配制相应的解毒与排毒物质，由各个分系统各施其职，进行解毒与排毒过程，实现一个动态平衡，保持人体的健康状态。

人体在执行这一复杂过程的发号施令者是谁？这个发号施令者就是意识与脑电波。

意识与脑电波支配大脑，实时调节人体的内分泌系统，使人体处于平衡状态。当这一平衡被打破的时候，会导致内分泌系统紊乱。在内分泌系统紊乱情况下，同时发生两种异常情况：①人体摄取的所有物质都是有毒的，在内分泌系统紊乱的情况下，内分泌系统分泌的某些物质不足以解毒与排度，长期积累造成食物毒素沉积；②在内分泌系统紊乱的情况下，分泌过剩的物质对人体同样有毒，长期积累造成毒素沉积。内因外患相互作用，造成人体的病理状态，这一状态的潜伏期很长，人的体质会随毒素沉积的程度不同而逐渐发生变化，引起各种生理性疾病。随着时间的推移，沉积毒素在多种诱因下，导致组织细胞发生基因变异，发展成为肿瘤细胞，恶性的肿瘤细胞疯狂地吸取人体营养物质，快速生长。良性的肿瘤细胞不会快速生长，但在特定的环境下会再次发生基因突变，形成癌细胞。癌细胞极具扩散性，通过血液循环扩散到人体的所有脏器，进行疯狂的破坏活动。人体的免疫系统跟人的情志有很大的关系，很多人就是因为对癌症的恐惧，精神崩溃，免疫力急剧下降，在被诊断出是癌症后很短的时间就离开人世。但也有很多被认为是

拓展阅读

内分泌系统

内分泌系统是机体的重要调节系统，它与神经系统相辅相成，共同调节机体的生长发育和各种代谢，维持内环境的稳定，并影响行为和控制生殖等。内分泌系统由内分泌腺和分布于其他器官的内分泌细胞组成。内分泌腺是人体内一些无输出导管的腺体。内分泌细胞的分泌物称激素。大多数内分泌细胞分泌的激素通过血液循环作用于远处的特定细胞，少部分内分泌细胞的分泌物可直接作用于邻近的细胞，称此为旁分泌。内分泌腺的结构特点是：腺细胞排列成索状、团状或围成泡状，不具排送分泌物的导管，毛细血管丰富。

医学奇迹的人坚强地存活了下来，要是大家有兴趣的话，可以去调查和了解这些被认为是医学奇迹的人，他们都有一个共同的特点，在发现自己被确诊为癌症以后，他们反而比以前更豁达、更乐观，坚持锻炼，保持心情的愉悦，人体的免疫功能不断增强，最终战胜了被认为是绝症的癌变病毒细胞。

通过上述的分析，我们不难看出，导致人体疾病的罪魁祸首是意识与脑电波。原因很简单，它没有很好地履行自己的职责，错误的指令，导致内分泌系统紊乱，人体长期处在内因外患下，产生各种生理疾病。那么谁又是导致意识与脑电波紊乱的元凶，让大脑发出错误的指令的呢？那就需要我们如何正确的认识与应用脑电波。目前很多国家对意识与脑电波都有一些研究，尤其是发达国家，但基本都处在初级阶段，还谈不上如何应用脑电波对人体进行病理性治疗。我们现阶段需要做的工作，就是如何正确认识脑电波这一客观存在的物理现象，研究和分析导致意识与脑电波发生紊乱的原因，找出致病的元凶，正确引导人们迈向健康、快乐、长寿的大门。

“潜意识”的神秘之所在

人的身体有两种状态，即清醒状态和睡眠状态。在清醒状态我们意识到自己的存在，意识支配我们的肉体；在睡眠状态，我们的意识潜伏了起来，好像意识也与肉体一样处于休眠状态。实际上梦的存在，表明睡眠状态还是有意识存在的。甚至在梦中我们的愿望已经达成，梦使意识插上的翅膀，飞翔在理想的天空，人的想象力在温柔的梦乡得到淋漓尽致的发挥。

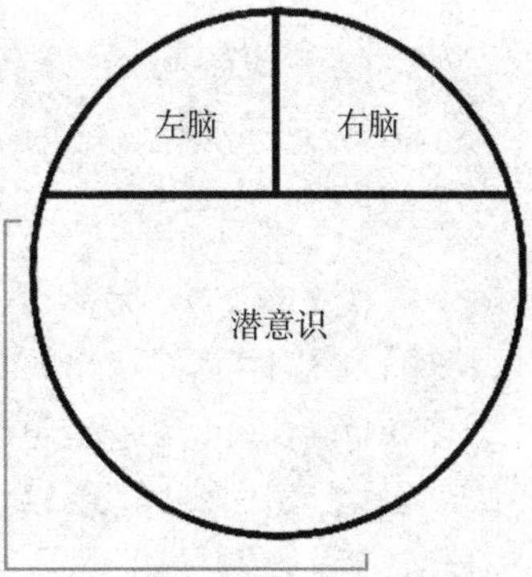

潜意识示意图

梦是人的意识摆脱现实的束缚，迈向自

由之路的曙光，是人的内心世界的投影，没有梦我们就无法知道我们内心真正的追求。正因为如此，弗洛伊德通过梦的解析，自由联想和潜意识引导，给那么多人解除了精神烦恼，并完成了由医生向心理学家——哲学家的升华。

弗洛伊德潜意识的提出，精神分析学派的形成，在哲学史、人类文化史上引起了哥白尼革命，越来越受到人们的推崇。如果说达尔文是人类的“母亲”，那么弗洛伊德就是人类的“父亲”。潜意识也是意识，只是我们暂时还不知道它的内容是什么？在做梦、开玩笑时他会机智地出现，在我们出现某种情境难以应付时，它就会不请自到，使人有绝处逢生之感，常言道“车到山前必有路”、“山重水复疑无路，柳暗花明又一村”，很好地揭示了潜意识的随机性和神秘性。

弗洛伊德认为意识只是冰山一角，巨大的潜意识我们并没有知觉。那么，是什么东西把我们的潜意识压制起来了呢？弗洛依德提出了“本我”、“超我”、“自我”三个概念，即他的人格理论。本我是原始的自己，是原初生命的本能冲动，遵循唯乐原则；超我是社会规范，风俗习惯，道德法律，遵循理性原则；自我是超我对本我进行引导束约所表现出来的人格，遵循唯实原则。理想的人格是本我、超我、自我达到一种和谐统一的状态，即孔子所说的“从心所欲，不踰矩”，（《论语·为政》）也是人类千万年来所追求的和谐与自由的境界。

知识小链接

弗洛伊德

西格蒙德·弗洛伊德（1856. 5. 6—1939. 9. 23），犹太人，奥地利精神病医生及精神分析学家。精神分析学派的创始人。他认为被压抑的欲望绝大部分是属于性的，性的扰乱是精神病的根本原因。著有《性学三论》、《梦的释义》、《图腾与禁忌》、《日常生活的心理病理学》、《精神分析引论》、《精神分析引论新编》等。

实际上，人格的和谐与自由并不是一件十分容易的事情。不仅要有较高的智商，还要有很高的情商，要学会运用理智驾驭自己的情绪，保持好的心态。这里的理智感本身就是意识作用的发挥，而人的情绪是主体在与外部世界交流信息和能量的过程中，主体的感受及其反映，他既可以强化意识，也可以干扰意识，还可以完善意识。

大凡卓越伟大的人物，其成功的秘诀就在于善于运用意识对潜意识进行诱导，从而使潜意识得到解放而异军突起。这是人们长期追求的结果，正像王国维所说："古之成大事者，必先经过三种境界，'昨夜西风凋碧树，独上高楼，望尽天涯路'、'衣带渐宽终不悔，为伊消得人憔悴'、'众里寻她千百度，蓦然回首，那人却在灯火阑珊处'。"（《人间词话》）

意识就是奔流不息的江河，就像繁星涌动的苍穹，有着无穷的能量。它是人类亿万年进化历程中所创造的精灵——拥有无穷智慧的人的大脑所放射出的光芒，是一种生物电磁波——脑电波，它是意识的载体，意识是脑电波的内容。大脑既是发射器又是接收器。意识可以改变周围的事物，甚至对某些群体、对一个民族、对人类社会的发展产生难以估量的影响，这就是尼采所说的"超人"。

天才人物——老子、孔子、苏格拉底、释迦牟尼、耶稣、穆罕默德、马克思、列宁、毛泽东、牛顿、爱因斯坦、屈原、莎士比亚、托尔斯泰、普希金、安徒生、《天方夜谭》的作者，秦始皇、拿破仑、彼得大帝，还有希特勒、墨索里尼、东条英机也都拥有巨大的思想能量，他们真正是用意识创造世界或者给人类以幸福或灾难性影响的巨人。

孟子说："天将降大任于是人也，必先苦其心志，劳其筋骨，饿其体肤，空乏其身，行

广角镜

潜意识的六大特征

1. 能量无比巨大。博恩崔西说，潜意识是显意识力量的3万倍以上。

2. 最喜欢带感情色彩的信息。

3. 不识真假，直来直去，绝不打折扣的执行者，说什么就做什么（时间长短不一定）。

4. 比较容易受图像方面的刺激。

5. 我们不能觉察到，但只有通过催眠才能开发它。

6. 放松时，最容易进入潜意识。

拂乱其所为，所以动心忍性，曾益其所不能。”（《孟子·告子下》）罗曼·罗兰说，“苦难划破了你的心，但它掘出了生命新的水源。”有人说，“苦难是天才的摇篮”，这话有一定的道理：因为上帝关闭了一扇门，就会打开另一扇门。但这要有一个前提，就是他必须有远大的抱负和志向，有坚忍不拔的意志和博大的胸怀。而这几个方面都与意识有关，正像太史公所破解的那样“西伯拘而演《周易》；仲尼厄而作《春秋》；屈原放逐乃赋《离骚》；左丘失明，厥有《国语》；孙子膑足，兵法修列；不韦迁蜀，世传《吕览》；韩非囚秦，《说难》、《孤愤》；《诗》三百篇，大抵圣贤发愤之所作也。”

孟　子

成功只降临有准备的大脑，所以只有苦难是不够的，还要有理想、有自信、有志气，不屈服于命运的摆布，才能创造奇迹。

孔子说：“三军可以夺帅也，匹夫不可以夺志也。”（《论语·子罕》）孟子讲：“贫贱不能移，威武不能屈，富贵不能淫。此乃大丈夫也。”（《孟子·滕文公下》）“（公孙丑问）曰：敢问夫子恶乎长？‘我知言，我善养吾浩然之气。’‘敢问何谓浩然之气？’曰：难言也。其为气也，至大至刚，以直养而无害，则塞于天地之间。其为气也，配义与道。无是，馁也。是集义所生者，非义袭而取之也。行有不慊于心，则馁矣。我故曰：告子未尝知义，以其外之也。必有事焉而勿正，心勿忘，勿助长也。无若宋人然。宋人有闵其苗之不长而揠之者，芒芒然归，谓其人曰：‘今日病矣，予助苗长矣’。其子趋而往视之，苗则槁矣。天下之不助苗长者寡矣。以为无益而舍之者，不耘苗者也；助之长者，揠苗者也，非徒无益，而有害之。‘何谓知言？’曰：‘诐辞知其所蔽，淫辞知其所陷，邪辞知其所离，遁辞知其所穷。生于其心，害于其政；发于其政，害于其事。圣人复起，必从吾言矣。’”（《孟子·公孙丑上》)，这里讲的是独立意志和人格修养的道理，道德、正义精神的培养，这是一个循序渐进的过程，不可拔苗助长，并且要知人知己，从别人的言辞中洞悉他的心灵，并且不被别人的言论所迷惑，才能不断提升精神境界，使浩然之气充塞天地之间。可以说孟子讲的浩然之气，已经天才地洞悉到意识与脑电波的秘密和巨大能量，以及与大宇宙的信息交流关系。

脑电波时代的宣言

“这是一次人类从来没有经历过的最伟大的进步的变革，是一个需要巨人，而且产生了巨人——在思维能力、热情和性格方面，在多才多艺和学术渊博方面的巨人的时代。”恩格斯的这段话也猜到了意识与脑电波的秘诀。春秋战国和文艺复兴时期是这样，今天也是这样一个时代。全球化与文化时代的来临，将会呼唤出思想的巨人，而意识与脑电波之谜的破解，将会把人类社会推向到一个斑斓多姿、奥妙无穷的崭新阶段。

基本小知识

荣格

荣格（1875—1961）瑞士心理学家和精神分析医师，分析心理学的创立者。早年曾与弗洛伊德合作，曾被弗洛伊德任命为第一届国际精神分析学会的主席，后来由于两人观点不同而分裂。与弗洛伊德相比，荣格更强调人的精神有崇高的抱负，反对弗洛伊德的自然主义倾向。

每个人都拥有一个聪慧的大脑，它拥有人类在亿万年进化过程中积累的经验和智慧的基因。只要我们善于发挥，就会使生命放射出耀眼的光芒。培育平等的竞争机制与和谐的社会环境，实现身心和谐、人际和谐和人与自然的和谐，就会使意识流和脑电波创造出人间的奇迹。

“思想有多远，我们就能走多远”，“只有想不到的，没有做不到的”。这是脑电波时代人类的文化宣言。它将开辟一个生命与脑科学的黄金时代，科学精神与人文精神融合的时代，人类探索外宇宙的精神转向探索内宇宙之谜，破解意识与脑电波的奥秘，将会把人类文明提升到一个新的境界。

荣格写下了《现代人找寻灵魂》，萨特写下了《存在与虚无》，亚斯贝尔斯写下了《当代的精神处境》，卡西尔写下了《人论》，而贾平凹写下了《浮躁》。这些哲人对现代的人文关怀之情着实让人感动，令人猛醒。让我们用意识的圣水来洗涤被污染的灵魂，用脑电波的美妙旋律驱散靡靡之音，打开心灵之窗，让小宇宙与大宇宙成为伙伴，让意识荡漾起红的激流，让智慧的花朵开放在生活的田野，让动荡不安的灵魂回到温馨的家园。

电波与现代科技

SHENQI DE DIANBO

如今，X射线广泛应用于医疗行业，有了X射线，医生不用开刀，就能看到人体骨骼的状况。另外，X射线可使生物细胞受到抑制、破坏甚至坏死，致使机体发生不同程度的生理、病理和生化等方面的改变。

像X射线那样，人们利用电波的原理制作出了很多科技产品：用来观测天文的射电望远镜、空间望远镜，用于通信事业的无线电，还有用于导航的GPS，最前卫的电子雷达科技等等。

现在，受益于电波的行业越来越多，医疗、航天、通信、军事，等等，相信在不久的将来，人们能利用电波发明更多、更完美的现代科技产品。

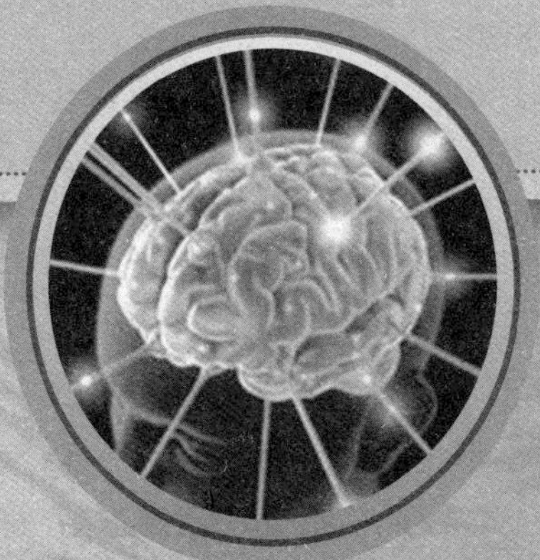

和电子计算机对接

电子计算机

现代的先进技术，几乎没有一样不是和电子计算机联系在一起的。无线电报、电话和广播也不例外，它们和电子计算机的结合，使电信科学展现了崭新的风貌。

电子计算机是一种能够自动地快速进行运算的工具，它可以在一秒钟里，完成几千次、几万次、以至几千万次的计算，速度十分惊人。无线电报、电话和广播，不但能携带文字、语言和音乐的信息，而且一秒钟跑 30 万千米的路程，同样也快得出奇。所以，当用无线电来传输信息，用计算机来处理信息的时候，许多出乎意料的奇迹就出现了。

知识小链接

二元制

资本主义国家议会和政府处于并立地位、分掌政权的政治制度。采用二元制的国家，政府由国家元首直接控制，不对议会负责。国家元首是君主的，为二元制君主国；国家元首是总统的，为二元制共和国。

主要二元制国家有：约旦、沙特阿拉伯、摩洛哥。

譬如说，在 4 年前的一天，就有过这么一件事情：在一间洁净明亮的实验室里，一位中年的科学工作者正在紧张地工作着。为了核对一个重要的数据，他急需从几千里外的图书馆中调阅一份珍贵的资料。怎么办呢？是派人坐上飞机去把这份资料借来呢？还是打个长途电话去询问一下呢？不！这两种办法都不行！因为它们不仅太慢了，而且电话里也说不清原文的意思。于是他立起身来，走到一个小小的操作台旁。操作台上有几只为数不多的仪表，还有许多按钮组成的键盘。他在键盘上轻轻地按了几下，发出了说明自己要求的信号。几秒钟后，打字机沙沙作响，很快就印出了五行清晰的字迹。原来这就是几千米外图书馆中保存的五份有关资料的名称。于是，他再次按动键盘上的按钮，不一会儿，打字机上打出了一份好几百字的资料。这位科学工作者就这样方便地调来了他需用的文献。而全部所花的时间，不过才3分钟！

你看，这是一种多么巧妙的方法！可你知道它是怎么实现的吗？原来这里应用了一种叫作“数据传输”的新技术。很多时候，我们也把它叫作“数字通信”。

数字通信就是传输数字信号的通信。所谓数字信号，其实对你来说并不陌生。我们前面不是说过不均匀的莫尔斯电码吗，它是由“点”和宽度等于“点”的三倍的“画”组成的。“点”和“画”有就是有，无就是无，长短不同，区别明显，而且断断续续，并不连贯，我们说它在取值上和时间上都是“离散”的，不连续的。这就是数字信号的特点。

再譬如，看看利用5单位凿孔纸带所产生的电信号吧，有孔可以透过光，产生电；无

拓展阅读

纳米计算机

纳米计算机是用纳米技术研发的新型高性能计算机。纳米管元件尺寸在几纳米到几十纳米范围，质地坚固，有着极强的导电性，能代替硅芯片制造计算机。“纳米”是一个计量单位，一个纳米等于10^{-9}米，大约是氢原子直径的10倍。纳米技术是从20世纪80年代初迅速发展起来的新的前沿科研领域，最终目标是人类按照自己的意志直接操纵单个原子，制造出具有特定功能的产品。现在纳米技术正从微电子机械系统起步，把传感器、电动机和各种处理器都放在一个硅芯片上而构成一个系统。应用纳米技术研制的计算机内存芯片，其体积只有数百个原子大小，相当于人的头发丝直径的千分之一。纳米计算机不仅几乎不需要耗费任何能源，而且其性能要比今天的计算机强大许多倍。

孔透不过光，就不能产生电。所以，它的信号也或有或无，断断续续，是“离散”的，因而也是数字信号。

因为“有”孔和“无”孔，“有”电和“无”电，这里的“有”和“无”，是两种不同的状态，所以这是一种“二元制”的信号。

在数学上，跟二元制相对应的是二进制数。二进制数只有“0”和“1”两个数字符号，习惯上分别读作“零”和“幺”。

如果穿孔纸带上有一排孔是这样凿的：那么，除了当中那个推动纸带前进的引导孔之外，从左向右数，在5单位的位置上，依次是有孔、无孔、无孔、有孔、有孔。如果用有孔产生的信号代表1，无孔时便是0，因此，这一组5单位信号，用二进制数来表示，就是10011。或者说，它代表着二进制数10011。

在电子数字计算机里，数的计算、存贮都是用的二进制，这是因为电子计算机是用大量电子元件组成的，线路的通和断，晶体管的饱和与截止，电流在导线里沿这一方向或相反方向流过，磁性物体被顺时针方向或逆时针方向的磁场所磁化，都是两种截然相反的状态，可以方便地用来代表1和0。既然无线电信号可以用来传递二进制数，那么，它跟电子计算机就有了共同的“语言”，可以通过一种叫作“接口”的设备，把它们互相链接起来。

按照这个道理，汉字也就可以把它变成电信号，通过无线电，送到遥远地方的电子计算机里。譬如“要大干”的“干”字，可以用四位阿拉伯数字1626来代表，而1、6、2、6这四个十进制数字，又可以转化作二进制数，就是0001、0110、0010、0110。

而用电信号来代表二进制数，是我们已经知道了的，所以当这组信号像电报一样，通过无线电发送出去以后，在接收的一端，只要收下这组信号，并把它送进计算机里，电子计算机就会运用它自己的功能，迅速进行处理，启动打字机，把“干”字打印在自纸上，或者就像电视那样，把“干”字显示在荧光屏上。

数字通信是多么巧妙和有用啊！但是，你可曾想过，我们常用的汉字有8000多个，谁能记得住这么多字的四位代码呀？要是你根本不知道“干”字应当用1626来代表，那岂不还要从电码本上去查找，这可是很费事的。

奇妙的红外线眼镜

电视能在漆黑一团的夜晚帮助你看到那些肉眼看不到的一切，从这个意义上说，它已经远远超过了延伸视觉的要求，那么电视为什么能在伸手不见五指的环境里，摄下物体的图像呢？

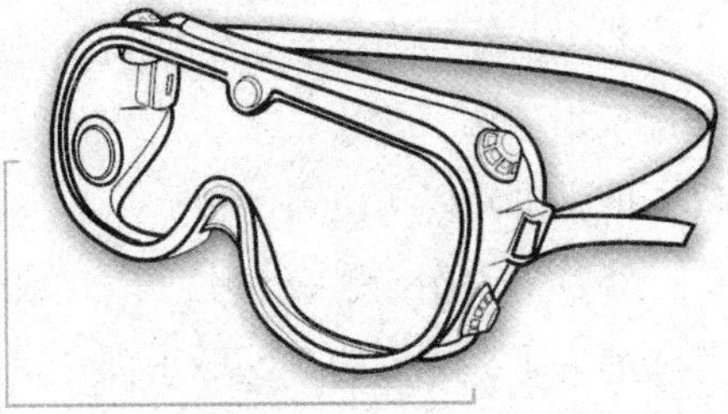

神奇的红外线眼镜

我们先来读一读一个迷路者的“自述”，他将告诉你一种新鲜的知识。

“一个 10 月的夜晚，我由车站到附近的一个村子里去，当时我没有沿着公路走，而是笔直地穿过马铃薯田，想走个近道。当然，这样做是非常愚蠢的。当码头上的灯火被一个小山冈挡住的时候，我就陷入了黑暗之中，不久便迷了路。为了找小土埂，我甚至用手在地面上摸索，但是除了马铃薯腐烂的茎叶之外，什么也没有摸到。远处，透过稀疏的树枝，可以看到小镇上灯火明灭，我只好摸黑朝它走去。刚一迈步，我的双脚就滑进了泥沟，陷在松软的稀泥里。脚也扭了，身体绊倒在田垄上。”

知识小链接

聚　焦

聚焦是控制一束光或粒子流使其尽可能会聚于一点的过程。例如凸透镜能使平行光线聚焦于透镜的焦点；在电子显微镜中利用磁场和电场可使电子流聚焦；雷达利用凹面镜使甚高频聚焦。聚焦是成像的必要条件。

“突然，从旁边某个地方传来了一个男人的声音，说干吗在这儿受罪，旁边不就是小道？我说，当然，我也不是为了寻开心，您这样问倒不如干脆指点我怎么走好些。我想着走了一步，双脚又踩进了一个泥坑，坑里还有水……那人看不过眼了，说让我顺着他来引导我。”

“过了几分钟，一个又高又大的、模模糊糊的人影出现在我身边，那人小心地拉着我的手，我们一块走着。但是，只走了几步，我又滑倒了。这一回几乎把那位领路的人也撞倒了。”

“那人犹豫地说把眼镜给我更好些，只不过……眼镜在这里有什么用？我觉得很奇怪。这不是普通的眼镜，戴上它可以在晚上看见东西。然后他便给我戴上。”

“一个柔软的、沉甸甸的金属箍套住了我的头。接着，陌生人在我太阳穴旁用手指一按，喀嚓一声，一根像是小杆样的东西从我耳边伸了出去。这时候，他告诉我说可以看了。”

“我的天哪！我来到哪儿了？我已经被带到一个幻想般的壮丽的世界里，黑暗消失了，周围的一切似乎都在发着红色的光辉。从身旁一直到地平线都像火在燃烧。地上像栽着一根根大蜡烛，烛芯升起了黄色的一动不动的火舌。”

“我定了定神，我已经看清楚了周围的一切。于是，我迈开大步，向前走去……”

这是副什么样的“眼镜”呢？你或许很想知道它吧。应当说，像这样轻巧方便的“夜视装置”暂时还处在实验的阶段。但是，利用电视可以看清楚黑夜里的一切，则已经成为事实。

那是装在直升飞机上的叫做“前方监视器”的一种东西，它实际上是利用红外线来摄取镜头的电视。红外线是一种波长比一般的无线电波要短的电磁波，在自然界里，除了看得见的光线之外，还有看不见的红外线和紫外线，它们都是电磁波。

红外线也可以叫作“热线”，当你走近熊熊烈火的时

广角镜

红外线的照射剂量

决定红外线治疗剂量的大小，主要根据病变的特点、部位、患者年龄及机体的功能状态等。红外线照射时患者有舒适的温热感，皮肤可出现淡红色均匀的红斑，如出现大理石状的红斑则为过热表现。皮温以不超过45℃为准，否则可致烫伤。

候，会感到灼热难当，这就是因为有大量红外线辐射出来的缘故。如果你用手摸一摸点亮着的白炽灯泡，也会感到暖烘烘的，它就是玻璃外壳吸收了从灯丝上辐射出来的红外线的缘故。

红外线的波长比红光的波长要长一点，在自然界里，任何一个物体，不管它有生命还是没有生命，全都是红外线的光源。你也许会问，难道房屋、车辆、树木之类的东西也都是“热”的吗？正是这样。即或是冰，我们也不能说它是绝对冷的。因为“冷”和“热”这本来是相对的比较来说的，只要物体的温度没有低到－273℃，也就是没有低到绝对零度，我们仍然说它是热的。

在地球上，现在还没有办法使物体冷到绝对零度，所以我们说，它们都是红外线的光源。只是温度较高的物体，红外辐射比较强，温度比较低的物体，红外辐射比较弱。这样看来，即或在夜色苍茫中，你的身体和周围的一切，仍然在不断散发着看不见的光线——红外线。

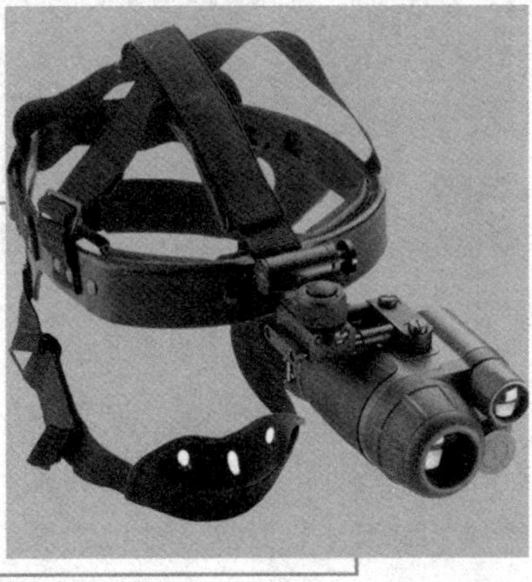

夜视仪的应用

红外线能透过云彩、烟雾和微尘，所以摄影家们利用这种看不见的光线，通过用特殊材料配制的软片，能把200千米外的远景摄下来。当把红外线的这些特性应用到电视技术中的时候，就能做成夜视仪了。

现在实际应用的夜视仪由两个部分组成，一个是光学聚焦系统，用来收集从目标发出的红外线；另一个是观察处理系统，把红外线构成的图像转变成肉眼看得见的荧光屏上的图像。所以，整个夜视仪，实际上就是一套热成像设备，跟我们已经熟悉了的可见光成像和看得见的景物再现电视的道理差不多。

研制这种红外线的电视装置，无论在交通运输者或是加强国防方面，都有着重大的意义。可以想象，今后在夜晚行驶车辆，也许可以不用再点亮车灯，而在我方参谋部的荧光屏上，也许就能看到敌方阵地的全部面貌。

高空中继站——人造通信卫星

人造通信卫星

专门用作中继通信的人造地球卫星叫作通信卫星，卫星上的设备主要有接收从地面上发来的电波和改换另一频率后再发回地面的装置，这个装置叫作“转发器”。转发器越多，通信的容量（容纳的路数）就越大。

由于地球的赤道平面通过地心，并和地球的自转轴垂直，所以在赤道上空轨道上的卫星相当于绕着地球自转轴运行那样。如果卫星发射到赤道上空离地35860千米的轨道上，和地球自转方向一样运行时，就具有和地球自转周期相同的周期，在地面上看来这颗卫星就像静止地挂在赤道上空似的，所以叫作“对地静止卫星”或“同步卫星，这种轨道称作“地球静止轨道”。

虽然通信卫星在3万多千米的高空，但发出的电波也只能覆盖地球表面约1/3，因此，如果在静止轨道上各相距120千米。放置三颗通信卫星就可以相互中继组成全球通信网了。通信卫星是利用太阳能提供能源的，都装有太阳电池板。目前各国发射的通信卫星有几百颗之多。我们国家也发射有通信卫星，如“东

广角镜

卫星观测站

卫星处在轨道上，对地球来说，它站得高，看得远（视场大），用它来观察地球是非常有利的。此外，由于卫星在地球大气层以外不受大气的各种干扰和影响，所以用它来进行天文观测也比地面天文观测站更加有利。

方红二号”卫星就定点在赤道上空东经 87.5 度。（印度洋上空）的对地静止轨道上，能覆盖我国全部面积，转播中央电视台节目时，全国各地都能收看到。国外有一个国际通信卫星组织，发射了许多通信卫星，分别定点在太平洋、印度洋和大西洋上空，目前已发射到第六批，这些卫星是供各国租用的，我国承办的第十一届亚运会的电视广播，就由这些卫星向全世界转发。

◎卫星地面站

通信卫星使用的是微波，可以穿过电离层直上直下，接收从地面上发来的微波信号，变换成稍低的微波频率再发回地面，成为两处地面的高空中继站，与通信卫星联系的地面通信设施叫做“卫星地面站”。通信卫星发射的电波功率很小，信号微弱，地面站一般都有一座相当庞大的天线，用这座直径 12 米或 7 米的大型抛物面定向天线对准要接收的卫星，才能顺利接收。地面站和通信卫星之间使用厘米波联系，由地面发往卫星使用的频率叫作“上行频率”，较常用的是 6000 兆赫，卫星接收后即变换成另一较低的频率发回地面，所用的频率叫作“下行频率”，较常用的是 4000 兆赫。这个通信频率组合叫作 6/4 千兆赫频段。频段越高，通信的容量越大，这是为什么呢？通常我们一个人说话，声带的振动从每秒 300～3400 次，所以话音电信号的频率，在 300～3400 赫之间。两端各留一点余量，可以认为，传送一路电话，需要占用 4000 赫那么宽阔的一个频率范围。

卫星地面站

对于由图像转换而来的电信号，那些大面积、一抹色的画面，信号的频率很低。诸如眉毛、胡子之类纤细入微的部分，则信号的频率很高，所以传送一路电视，大约需要占用 8 兆赫的频率范围。

这样看来，只有作为“运载工具”的载波频率本身很高，才有可能提供一个比较宽阔的无线电信道，容纳得下较多的电话或者电视去传递各式各样的消息。否则，如果载波本身只有几百千赫，不但传播不成几兆赫的电视信号，就是4000赫的电话，也通不了几路。

现在实际使用的通信卫星，因为它们的载波频率是4000兆赫和6000兆赫，所以能提供一个宽度有500兆赫左右的通道。在这样宽畅的频率范围里，人们成功地实现了5000路电话的双向通信，也可以用来传送12路彩色电视。

像这种在一个无线电信道上，能够同时传递许多路信号的办法，叫作“多路通信”。一般来说，频率越高，载波的通道越宽，目前已使用更时尚的14/11千兆赫和14/12千兆赫频段，通信容量能增加到1000多路电话，今后还要发展30/20千兆赫频段，并且开发毫米波段（30～300太赫），微波通信的领域就更加广阔。

微波传播会遇到什么麻烦？无线电波是在空间传播的，但空间并不是真空而是有很厚的大气层，大气里有水蒸汽、雾、雨和雪等，大气层的上部还有被太阳光线电离的电离层等，实际上无线电波是在这许多物质中传播的，这些物质对无线电波都有不同的影响。对微波来说，虽然能直来直去地穿过电离层，但并不就那么大摇大摆地过去，也得要留下少许“买路钱”，被电离层吸收一小部分，致使微波受到衰减。微波前进的途中遇到雾、雨、雪，会被吸收一部分并产生噪声干扰，如果是大雪、大雨，甚至使通信困难。在通信卫星与地面站之间的直接路线上如正巧有飞机经过，会被阻挡而瞬时中断。地球表面（包括建筑物）对微波有反射、绕射和散射作用。微波沿地面传播的路途上，遇到地面障碍物时，一部分被反射到另一地点去，一部分绕射过去，另一部分则被散射到各处，都使微波通信受到衰减和干扰。这许多情况都是微波传播过程中常

拓展阅读

太阳系卫星

太阳系内最大的卫星包括地球的卫星月球、木星的伽利略卫星木卫一（伊俄）、木卫二（欧罗巴）、木卫三（盖尼米得）、木卫四（卡利斯托）、土星的卫星土卫六（泰坦），以及海王星捕获的卫星海卫一（崔顿）。

遇到的麻烦，科学家们都在想各种办法来改进，最常见的是提高发射的功率和采用数字微波通信等。

◎给星星挂个电话

无线电电子学和天文学的结合，创造了神话般的奇迹，让无线电跟天文学携起手来，它将使我们加快认识浩瀚的宇宙。

许多年来，在人们面前，始终摆着一个谜一般的问题。在别的星球上有生命吗？他们有没有高度文明的社会？

要回答这个问题是不容易的，但是科学家们从大量的观察中断定，在我们太阳系里的别的行星中，大概是不会有高级动物存在的。但是太阳系只不过是宇宙沧海之一粟，单单银河系卫就有1000亿个太阳那样的星球，何况银河系也不过是宇宙的一个角落。在亿万颗恒星和它的行星中，谁能断定就没有其他高度发展的生物呢？虽然这样，但是迄今为止，谁也无法证实这一点。尽管从伽利略发明望远镜到现在已经好几百年，射电望远镜也早已问世，但是遗憾得很，望远镜在这个问题上还不能给我们多大的帮助，因而有许多遥远的星星，人们还不曾相识。

看来只有更进一步发展的无线电技术，才能揭开太空中长期保守的秘密。因为在指派宇航员飞出太阳系之前，像探索火星和金星那样先让仪器着陆的试验是绝对必要的，有了高度先进的无线电设备，我们就可以随时通过电波，先向这些宇宙深处的“居民”挂个“电话”，了解一下那里的情况。

如果我们能给遥远的星星挂“电话”，或者用没有噪声的仪器搜索来自太空深处的电波，那么，最后断定别的星球上有没有人和生物，应当是可能的。不过由于我们人类居住的地球，覆盖着大气的“海洋”，无线电波不是被大气所吸收，就是被电离层所反射，怎样找到便于无线电进进出出的“窗口”，是一个十分重要的问题。

在探索“透明”的无线电波之“窗”的过程中，经过长期的研究，人们认为，用波长等于3～30厘米的无线电信号去进行宇宙联系是十分有利的。甚至有人还作过这样的猜测，假定别的星球上也存在着人类，他们应当也正在用这个波长探求着和外界的联系。

真是巧得很，在这个波长范围内，我们恰恰发现了一个来自宇宙空间的电波，它的波长是21厘米。这个电波是从恒星之间的氢原子里“广播”出来的。为什么微小的原子有时候会像无线电台一样地进行广播呢？难道说在它里面还能装得下振荡电路吗？当然决不会是那样？原子辐射电波的原理和普通发射机的工作有显著的不同，它不需要用线圈和电容，而是在原子内部的电子所处的状态发生改变时辐射出来的。

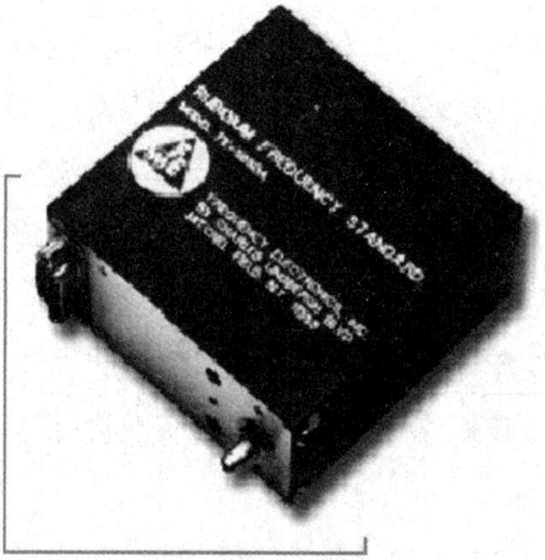

原子振荡器

在地球上，发现和研究由原子辐射出来的电波已经有一段时间了，现在人们已经成功地制造出了能够不间断地工作，并发出足够大的功率的“原子振荡器”。这种振荡器的发明，在人类的生活中是一件重大的事情。因为从现在的实际情况看来，星际空间中氢原子的自然辐射是很弱的，有了功率足够大的信号，那就完全有可能压过了它，一直传到“天边”的星球上。

专家们认为，用大功率的微波从建筑物的一侧辐射进去，而在另一侧加以接收的话，就可以显示出屋子里人物的动静。甚至于人手里拿的什么，嘴里吃的什么，也都能显示出来。微波辐射还能探测出窗户和空气调节管道因为说话而引起的微小振动，并且可以让这种振动对微波信号进行调制，然后再从回波中检出这个信号来，恢复出原来的声音，或者用微波监视着人的嘴唇的活动，把他的讲话推测出来。

所有这些，当然还仅仅只是萌芽的研究。微波在军事上有很大作用，请看下面这个故事。从其他观察站报告中得知，它是一艘驱逐舰，已被打成两截，沉下去了。

“23：51，用两炮射击上述高炮目标附近的另一目标，大概也是一艘驱逐舰。发现它爆炸后，下令‘停止射击’，该目标在雷达屏幕上消失。此时，在目标区域看见至少有三艘敌舰命中起火。”

“23：53，对准前述目标左面的军舰开始射击，炮火全由雷达控制，黑夜没有照明。这艘舰的腰部发生爆炸，照亮了该舰中部。我们看到这是一艘两个烟囱的巡洋舰，它正对我们开火，给我们带来了一些损失，但是雷达仍然无恙。”

“23：59，看到一艘敌驱逐舰起火。我们用雷达控制对它开炮轰击了两分钟。”

“00：01，雷达荧光屏上目标消失。命令‘停火’。”

同学们，你们看，从23时46分到0时1分，短短15分钟，一场海上遭遇战就结束了。美国舰队在雷达的帮助下，打沉了日本舰队的2艘巡洋舰和3艘驱逐舰。那时候雷达才开始应用，已经显示了它的巨大威力。难怪许多人把雷达称作“大炮的眼睛”。下面就来谈谈这种“大炮的眼睛”是怎样发挥作用的。

最前卫的电子雷达科技

雷达是利用微波的无线电设备。要想了解雷达为什么那样厉害，它究竟怎样起作用，这就需要谈谈微波的特点。

微波的一个重要特点，就是波长比较短，一般在1毫米～1米之间。微波在前进的路上，遇到比自己的波长大的物体，就会被反射，就像镜子反射光波一样。飞机、舰艇等的波都比微波的波长大，微波遇到它们就会被反射。雷达就是利用微波的特点来工作的。它在搜索目标的时候，一面发射微波，一面连续改变方向。如果在某一个方向上收到了反射波，这个方向也就是目标的方位；确定了方位，同

电子雷达

时又计算了微波来回的时间，便可以判定目标和雷达之间的距离（这个计算并不难，因为电波的速度是已知的：30 万千米/秒）。

雷达发射的微波，虽然和广播电台发射的中波、短波一样，都是电波，但是它的波形和后两者都不一样。雷达不是那种连续不断的调幅波或调频波，而是一种有间断的波，简称“脉冲波”。雷达为什么要发射这种脉冲波呢？因为只有这种波对反射回来的波没有妨碍。打个比方来说，你同另一个人对话，如果你一直不停地大声说话，那你就不可能听清对方的答话。对方只能在你闭嘴的时候，才能插话。所以，你如果要和别人交谈，那就必须说说停停。雷达也是这样，它发射很强的电波，然后又需要接收由目标反射回来的一部分很弱的回波。如果它连续不断地发射电波，就会使回波淹没在它自己的“喊声”中。因此，雷达在发射电波的过程中必须有间隔地留出间隙来接收回波。

知识小链接

雷 达

雷达的优点是白天黑夜均能探测远距离的目标，且不受雾、云和雨的阻挡，具有全天候、全天时的特点，并有一定的穿透能力。因此，它不仅成为军事上必不可少的电子装备，而且广泛应用于社会经济发展和科学研究。星载和机载合成孔径雷达已经成为当今遥感中十分重要的传感器。以地面为目标的雷达可以探测地面的精确形状。其空间分辨力可达几米到几十米，且与距离无关。雷达在洪水监测、海冰监测、土壤湿度调查、森林资源清查、地质调查等方面显示了很好的应用潜力。

雷达的发射时间和间隙时间是不相等的。前者越短越好，后者越长越好。雷达脉冲持续的时间一般是多少分之一微秒，而间隙时间却比发射时间长几百倍甚至几千倍。照这样的安排，雷达每秒钟仍能发几百个或几千个脉冲。

微秒是百万分之一秒，它是很短很短的了。必须短到这个地步，雷达才能顺利地完成任务。举例来说，如果雷达发射脉冲的持续时间是一微秒，在这段时间内，电波可以走300米路程（也就是150米距离的来回路程）；如果雷达的测量目标在150米之内，那么回波就会和雷达发出去的波重叠在一起，雷达就无法测量出目标的准确距离了。如果持续时间是2微秒，那么300米之内的目标也测不准了。这样的雷达就好像是个“远视眼”，看不清近处的东西。

因此，我们可以知道，雷达发射的时间越短，间隙的时间越长，它所能测的目标距离幅度就越大。另外，由于雷达的任务是探测目标，它不需要像广播电台那样，向四面八方辐射电波，而只需要朝着特定的方向。这一点和手电筒很相像。所以，雷达天线也有一个反射器，目的就是定向发射雷达的电波。

电波天文学与射电天文学

◎电波天文学

小时候，常以为天上的星星只有晚上才会出来，到了白天就一颗一颗地躲回去睡觉了。而古人在观察星星时，也都是以看得见的星空为目标。人类眼睛看到的光属于电磁波的一部分，电磁波的波长范围很大，从短至10^{-10}米到长至100米以上，而可见光在电磁波中涵盖的范围只有从4×10^{-7}米到7.5×10^{-7}米。不过从远古到20世纪初，人们的天文知识都来自于天体发出的可见光。但我们不能只是“眼见为凭”哦！如果一意依循这个想法的话，那可会错失很多有趣的事物！尤其在天文研究的领域里，有另一个无法用肉眼看见的世界。正因为它无法用肉眼看见，所以研究的起步很晚，一直

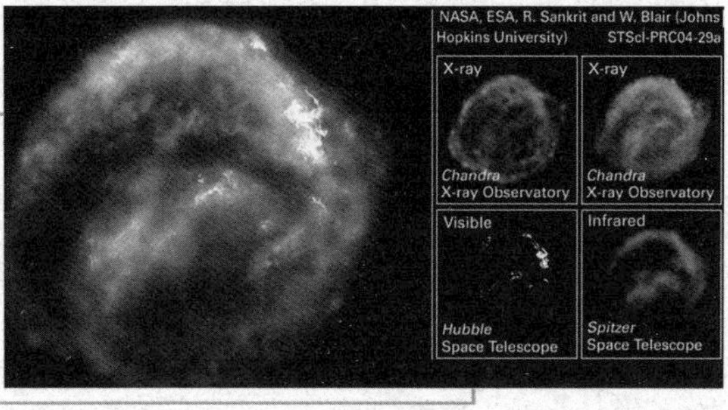

同一天体的不同波段

到20世纪初，人类才开始揭开这一未知领域的神秘面纱，因此仍有许多惊奇等待我们去发掘。

天体除了放出我们可以用肉眼观察到的可见光外，也同时会放出其他波段的辐射，但因为地球大气的作用，这些电磁波大部分都无法通过大气层，想要观测这些电磁波，就必须到太空去了。只有可见光及无线电波比较不受大气的影响，可以抵达地表，在地面进行观测。从20世纪30年代起，对无线电波的研究形成天文学中的电波天文学，它的诞生和发展大大扩充了人们对天体和宇宙的认识，对天文学的进展有十分重要的贡献。

研究天体发出的无线电波对天文学有什么重要的贡献呢？因为无线电波可以穿透弥漫着尘埃和气体的星际空间，看到距离较远的地方，进而探测遥远的深空，使我们可以看到很多用可见光看不到的现象。此外，温度较低的波源放出的电磁波以电波为主，所以可以借此探测到温度较低的天体。加上天体释放的能量很容易产生大量低能光子，发射出无线电波，因此即使在很冷的星际空间里，电波天文学仍可以确定宇宙的基本构造单元——氢原子的位置，使我们对宇宙有了可见光以外的新认识。

既然无线电波眼睛看不见，也无法以耳朵听到，皮肤感觉到，甚至无法以底片感光，那它是如何被发现？又如何被应用到天文观测的呢？无线电波最早是在1887年由德国物理学家赫兹在实验室从电子火花的振荡中测得的，因为无线电波可以传送很远的距离，到了1906年已经被应用来传送电报。1930年，任职于贝尔实验室的美国工程师詹斯基为了找出无线电通讯的干扰因素，建立了一座天线，这座长30.5米，高3.66米的天线基座上装有轮子，每20分钟可以绕其中心旋转一周，就好像旋转木马一样，可以接收来自各方向的无线电波。詹斯基使用14.6米的波长进行检测，到1931年发现天线噪音来源包括附近的雷雨及远方的闪电和雷雨，另外有一种微弱但稳定的噪声，其最大方向似乎在太阳附近。但在进一步研究后，于1935年发表确认了地球外最大的电波源是来自银河系的中心，这一重要的发现，揭开了电波天文学的序幕。

美国的电机工程师及业余天文学家雷伯1937年在自家宅院制造了一个

直径 9.45 米的可旋转抛物面反射天线，这是第一台为天文研究而建造的电波望远镜。它的天线为抛物面，可以将来自天体的无线电波反射聚焦在焦点上，再由焦点上的感应器收集无线电波，将讯号传到接收器记录下来，这一台望远镜至今仍在使用中。雷伯在 1940 年用 1.87 米波长为基准发表了第一幅银河系中心电波源的等强度线图，这张图显示出银河系电波扰动的中心在人马座。而后又在 1944 年绘制出银河系的电波天体图及提出太阳电波的发现。

雷伯虽然是第一位正式发表太阳电波的人，但第一位发现太阳有无线电波的应该是英国的物理学家海伊。他在第二次世界大战期间，被英国陆军征召进行雷达干扰及反干扰技术的研究，雷达所用的电磁波波段为无线电波。1942 年 2 月底时，英国防空部于白天接到敌军密集干扰的报告，因为介于 4～8米的防空雷达波长讯号完全被盖掉，造成英国军方一阵恐慌，结果后来却没有出现任何空袭行动，令人十分困扰。海伊研究这次的干扰型式，发现最密集的干扰波来源似乎来自于天空，而且跟随太阳的方向，他打了一通电话到格林尼治天文台，得知近日太阳中央有一大群太阳黑子，于是估计可能是太阳黑子造成这波干扰的发生，不过因为此事被视为军事机密，并没有即时发表，而使雷伯在太阳电波的发现上抢了第一。在第二次世界大战中，为了防空需要，科学家及军方投入大量人力及物力进行雷达的发展，促成了无线电波定位准确度和接收灵敏度的进步，培养了很多无线电和工程专业的人才，因而间接引发了战后一场以电波技术调查天空的竞赛。

英国剑桥大学的赖尔为了调查太阳的电波杂讯与黑子的活动是否有关，同时想确定如果没有黑子活动的话，太阳是否会发射米波段内的电波杂讯。他利用战时用剩的无线电及雷达仪器来进行研究，为了胜过海伊研究结果的解析度，本来想建造一个直径 152.4 米的大天线系统，但因预算很紧，赖尔只好把两具小天线接在同一个接收机上，两具天线之间的距离就是所谓的基线，这种望远镜装置的解析度竟和与其基线相同直径的大型天线一样，这就是电波干涉仪发展的开始。有了这个电波干涉仪，赖尔就可以把发射太阳电波的区域定位得更精确，以确定它跟太阳黑子活动的范围区十分接近。

澳洲电波物理实验室的波西也粗略地证实了海伊在大战期间的研究成果，并做出太阳电波发射强度似乎与黑子活动密切相关的结论。1946 年 2 月，正值黑子最剧烈的爆发活动期，波西打算更精确地探测那密集的太阳电波爆发的来源。他和赖尔一样，看出精确描绘出电波发射源的关键，是在取得比单一天线所能获得的更大的解析度。他的解决方法是利用高踞崖顶、俯瞰太平洋的军事雷达天线及海平面。在风平浪静的日子里，海面的作用等于另一座天线，可以把太阳射线朝崖上的岗哨站反射回来。反射线与直射线互相干扰的结果使讯号显示出条纹图案，使波西能正确地测知发射点的位置，理论上它的解析度可以到 10 角分，也就是肉眼可见太阳大小的 1/3。他由此断言，密集的太阳电波发射会随太阳黑子的活动而增强。

海伊在绘制公尺波长电波天体图时，意外发现天鹅座的方向有讯号强度迅速起伏的奇怪现象，他认为这应该是来自像星球的个别电波源，波西的同事波顿及史丹利对这个现象，有特别浓厚的兴趣，他俩着手以 1 亿赫及 2 亿赫的频率进行测量，结果发现，不管造成讯号的是什么，范围都小于 8 角分，且强度和太阳相当，所以不会是星系。但当他们查星图时，却发现那个区域竟然空空如也，没有灿烂的明星，也没有星云，只是银河系中一片平淡无奇的区域。由此可知，这个天体的能量都集中在无线电波谱内，位置可能在 3000 光年外。但这是什么样的天体呢？另外是否还有这样的电波源存在？如果有，又有多少？宇宙天体的电波会不会就是这些未知物产生的？

他们继续探勘整个星空，在金牛座捕捉到了第二个强烈电波源，他们前后找到了四个这类天体存在的证据，除了天鹅座 A 的电波源外，其他金牛座 A、巨蟹座 A 及室女座 A 都找出可能和光学天体有关，这是第一次电波源和光学天体的联结。其中巨蟹座 A 是由蟹状星云发射出来的，这是 1054 年超新星爆炸遗留下来的。而金牛座 A 及室女座 A 则可能和星系 M87 及 NGC5128 有关，这表明我们可以在地表上接收到来自银河系外天体的电波。在发现可以在地表收到来自银河系外的电波后，电波天文学家们便将目光的焦点从最初的太阳，转移到银河系外的天体了。

以往使用可见光探索星际空间时，从光吸收的结果显示，星际空间由黑暗、冰冷的真空构成，其间只少少地点缀了寥寥可数的气体分子和尘埃。这些气体是因为附近恒星发出的强光使气体游离，使电子进行能阶跃迁放出可见光才被发现的。从光谱分析显示，这些气体分子主要为氢分子，但即使连最优良的光学望远镜都无法指出星际间物质的多寡与范围，使天文学陷入难题。不过，科学家发现氢的电子在改变自旋方向时，会发出一个很小的电波讯号，这个讯号的波长应该是21.2厘米，但因能量非常小，所以侦测到谱线的机会很渺茫。在美国哈佛就读博士班的尤恩，经过一年多的努力后，终于在1951年发现了氢的21厘米的谱线，这使得观测人员可以借21厘米谱线的强度变化，计算出中性氢的质量。此外，从谱线上的多普勒效应，更可以让天文学家仔细地观测气体在太空中漫游的情形。原来被盘面尘云遮蔽的银河系螺旋状构造终于借由无线电波的研究，第一次展现在世人眼前。

电波探测曾经有两方面比不过光学观测，一是解析度比光学望远镜低好几个数量级，二是无法成像，无法以视觉进行观察比较。前者是因电波波长比光波要长很多（数千倍到百万倍），而观测的波长愈长，得到的解析度就愈差。为了得到相当的解析度，电波望远镜需要较大的直径，如直径100米大的电波望远镜得到的解析度和10厘米口径的光学望远镜差不多。现在口径最大的的电波望远镜建在加勒比海地区波多黎各的一处天然凹谷里，直径有305米，用三个建在山上的高塔支撑悬吊，无法操纵移动，但因为它很巨大，还是可以侦测出比其他单一碟形天线更多的辐射线。但这样的解析度仍然不够，要设立更大的望远镜有很多技术上的挑战，所以发展出结合数个小的望远镜排成阵列，经电脑整合讯号处理后，解析度可以和一台口径相当这些碟形天线占据区域一样大的大型望远镜。且经由电脑处理后，可以将资料转化成影像。这不但可以修正被大气模糊的影像，还可以更清楚地解析遥远的天体。因甚长基线干涉仪和综合口径电波望远镜的问世，电波望远镜解析度已经可达到0.001角秒，甚至远远超过了光学望远镜的解析度，电波望远镜的两个问题已获得完满的解决了。

20世纪70年代以后，因为解决了解析度及合成影像两个问题，电波天文学又获得许多重要成果，其中最重要的便是银河系外双电波源及多种电波源的发现。

20世纪80年代后，电波天文学家们对毫米波段的研究有更进一步的发展，毫米波为无线电波波段中较短的波段，主要用来观测各种星际分子及研究恒星的演化过程。

另外，在搜寻外星生命方面，毫米波望远镜是主要的工具，因宇宙间氢的含量最丰富，而氢原子可以发出21厘米波长之微波（即毫米波），氢氧根（OH）可发出18厘米长之微波，H和OH可形成水，因此波长介于18厘米与21厘米的微波，称为“水洞”。因为水是生命所必需，科学家认为这是一个最有可能与外星文明发生共鸣的波段，因此这一波段常被用来进行电波监听计划。天文学家于1960年使用美国国家电波天文台“监听”两颗太阳型恒星：鲸鱼座星及波江座ε星，但都没有结果。美国航空太空总署支助外星文明搜寻计划，在1992年10月展开微波观测，监听80光年内约800颗太阳型恒星。迄今约进行了40件监听计划，但都没有结果。

我国从1995年起开始筹划一个发展次毫米波阵列的计划，这个计划包括建造两座直径6米的次毫米波望远镜，这两台望远镜将放置在夏威夷毛纳基峰与哈佛——史密松天文台的6座同型望远镜联合观测，预计解析度可达0.1角秒。这一波段的波长比毫米波更短，是最近才开始进行观测的波段。在次毫米波段中，分子的谱线非

毫米波望远镜

常丰富，由此可对星云有进一步的了解。毫米波还可以透过包裹在恒星外的尘云，透视恒星的形成，甚至看到在拱星盘中正在形成的大行星，而这可以增加我们对太阳系起源的了解。次毫米波的研究甚至还预期能观察到更遥远的地方正在形成的原生星系。因为次毫米波的接收机最近才成功做出来，因此这一波段可说是地面观测唯一未被开发的处女地，预计次毫米波将是21世纪初期天文发展的主角。

电波天文学从20世纪初发展至今，为我们开辟了了很多前人无缘得见的疆域，让我们对宇宙有完全不一样的看法。在夜晚看到繁星闪烁时，要知道在可见的点点星光之外，还有很多看不见，却多彩多姿、奇幻奥妙的世界等待我们去发掘哩！

◎射电天文学

对于历史悠久的天文学而言，射电天文使用的是一种崭新的手段，为天文学开拓了新的园地。20世纪60年代中的四大天文发现：类星体、脉冲星、星际分子和宇宙微波背景辐射，都是利用射电天文手段获得的。从前，人类只能看到天体的光学形象，而射电天文则为人们展示出天体的另一侧面——无线电形象。由于无线电波可以穿过光波通不过的尘雾，射电天文观测就能够深入到以往凭光学方法看不到的地方。银河系空间星际尘埃遮蔽的广阔世界，就是在射电天文诞生以后，才第一次为人们所认识。

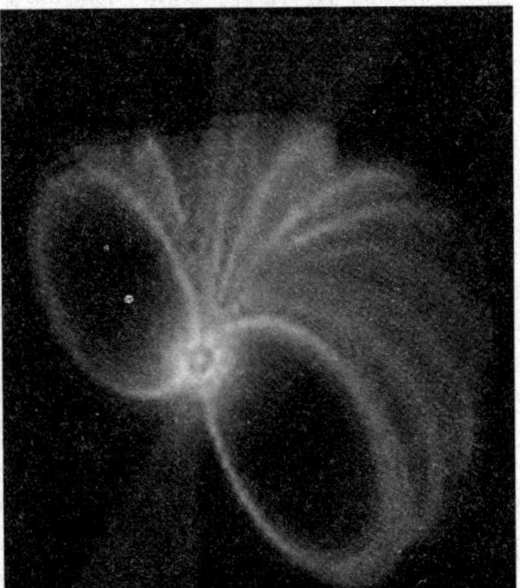

天体射电图像

射电天文学的历史始于1931—1932年。美国无线电工程师央斯基在研究长途电讯干扰时偶然发现来自银河方向的宇宙无线电波。1940年，雷伯在美国用自制的直径9.45米、频率162兆赫的抛物面型射电望远镜证实了央斯基的发现，并测到了太阳以及其他一些天体发出的无线电波。第二次世界大战中，英国的军用雷达接收到太阳发出的强烈无线电辐射，表明超高频雷达设备适合于接收太阳和其他天体的无线电波。战后，一些雷达科技人员，把雷达技术应用于天文观测，揭开了射电天文学发展的序幕。

到了20世纪70年代，雷伯首创的那种抛物面型射电望远镜的“后代”，已经发展成现代的大型技术设备。其中名列前茅的如德意志联邦共和国埃费尔斯贝格的射电望远镜，直径达100米，可以工作到短厘米波段。这种大型设备配上各种高灵敏度接收机，便可以在各个波段探测到极其微弱的天体无线电波（见射电天文接收机）。

对于研究射电天体来说，测到它的无线电波只是一个最基本的要求。人们还可以应用颇为简单的原理，制造出射电频谱仪（见太阳射电动态频谱仪）和射电偏振计，用以测量天体的射电频谱和偏振。研究射电天体的进一步要求是精测它的位置和描绘它的图像。一般说来，只有把射电天体的位置测准到几角秒，才能够较好地在光学照片上认出它所对应的天体，从而深入了解它的性质。为此，就必须把射电望远镜造得很大，比如说，大到好几千米。这必然会带来机械制造上很大的困难。因此，人们曾认为射电天文在测位和成像上难以与光学天文相比。可是20世纪50年代以后射电望远镜的发展，特别是射电干涉仪（由两面射电望远镜放在一定距离上组成的系统）的发展，使测量射电天体位置的精度稳步提高。20世纪50年代到60年代前期，在英国剑桥，利用许多架射电干涉仪构成了“综合孔径”系统，并且用这种系统首次有效地描绘了天体的精细射电图像。接着，荷兰、美国、澳大利亚等国也相继发展了这种设备。到20世纪70年代后期，工作在短厘米波段的综合孔径系统所取得的天体射电图像细节精度已达两毫秒，可与地面上的光学望远镜拍摄的照片媲美（见综合孔径射电望远镜）。射电干涉仪的应用还导致了20世纪60年代末甚长基线干涉仪的发明。这种干涉仪的两面射电望远镜之间，距离长达几千千米，乃至上万千米。用它测量射电天体的位置，已能达到千分之几角秒的精度。20世纪70年代中期，在美国完成了多架甚长基线干涉仪的组合观测，不断取得重要的结果。

值得注意的是，应用射电天文手段观测到的天体，往往与天文世界中能量的迸发有关：规模最“小”的如太阳上的局部爆发、一些特殊恒星的爆发，较大的如演化到晚期的恒星的爆炸，更大的如星系核的爆发等等，都有强烈的射电反应。而在宇宙中能量迸发最剧烈的天体，包括射电星系和类星体，每秒钟发出的无线电能量估计可达太阳全部辐射的1000亿倍乃至百万亿倍以上。这类天体有的包含成双的射电源，有的伸展到周围很远的空间。有些处在核心位置的射电双源，以视超光速的速度相背飞离。这些发现显然对于研究星系的演化具有重大的意义。高能量的银河外射电天体，即使处在非常遥远的地方，也可以用现代的射电望远镜观测到。这使得射电天文学探索到的宇宙空间达到过去难以企及的深处。

这一类宇宙无线电波都属于“非热辐射”，有别于光学天文中常见的热辐射（见热辐射和非热辐射）。对于星系和类星体，非热辐射的主要起因，是大量电子以接近于光速的速度在磁场中的运动。许多观测事实都支持这种见解。但是，这些射电天体如何产生并不断释放这样巨大的能量，而这种能量如何激起大量近于光速的电子，则是当前天文学和物理学中需要解决的重大课题。天体无线电波还可能来自其他种类的非热辐射。日冕中等离子体波转化成的等离子体辐射就是一例。而在光学天文中所熟悉的那些辐射，也同样能够在无线电波段中产生。例如，太阳上的电离大气以及银河系的电离氢区所发出的热辐射，都是理论上预计到的。微波背景的2.7K

拓展阅读

射电望远镜

电波望远镜需要如此的大是因为需要接受信号和获得高的信噪比，也因为角分辨力是“物镜”直径的函数，与被观测的电磁辐射波长的比例，相较之下电波望远镜就必须比光学望远镜大上许多。例如，一架1米口径的光学望远镜是观测的光波波长的200万倍，解析力是数个弧秒；而一架盘面大上许多倍的电波望远镜，依据它所观测的波长，也许只能分辨满月（30弧分）大小的天体。

热辐射，虽然是一个惊人的发现，但它的机制却是众所熟知的。

光谱学在现代天文中的决定性作用促使人们寻求无线电波段的天文谱线。20世纪50年代初期，根据理论计算，测到了银河系空间中性氢21厘米谱线。后来，利用这条谱线进行探测，大大增加了人们对于银河系结构（特别是旋臂结构）和一些河外星系结构的知识。氢谱线以外的许多射电天文谱线是最初没有料到的。1963年测到了星际羟基的微波谱线；60年代末又陆续发现了氨、水和甲醛等星际分子射电谱线；在70年代，主要依靠毫米波（以及短厘米波）射电天文手段发现的星际分子迅速增加到50多种，所测到的分子结构愈加复杂，有的链长超过10个原子。这些分子大部分集中在星云中，它们的分布有的反映了银河系的大尺度结构，有的则与恒星的起源有关。研究这些星际分子对于探索宇宙空间条件下的化学反应将有深刻影响。

40多年来，随着观测手段的不断革新，射电天文学在天文领域的各个层次中都做出了重要的贡献。在每个层次中发现的天体射电现象，不仅是光学天文的补充，而且常常超出原来的想象，开辟新的研究领域。

天文学家收到神秘无线电波

美国天文学家最近指出，他们接收到从我们的银河系中心附近发出的一种奇怪的无线电波，这种无线电波究竟是如何发出来的，目前尚无定论。

天文学家分析，太空中发出的这种奇怪而巨大的无线电波脉冲，可能是由一个以前不知道类型的新的太空物体发出的。其他专家给这个神秘的源头起了个绰号——“打嗝”，并表示会及时扫描类似的无线电脉冲。

物理学教授斯科特·海曼说：“我们意外发现了这个重大的太空现象，很有研究价值。我们用收集到的波长为1米（3.28英尺）的无线电波制成的观察银河系中心图片显示，在2002年9月30日到10月1日这段时间的7小时内，那个太空源发生了多次爆炸，事实上共发生了5次。我们还发现，每次爆炸的间隔时间基本一致。”脉冲来自地球所在的银河系的中间方向，源头最远可能距离地球 24000 光年，而最近的也有 300 光年。

知识小链接

教 授

教授是一种职称，多指在大学或社区学院中执教的资深教师与研究员。教授为大学教师职称的最高级别。

中文的教授两字则源于“传教授业”的字义，是中国古代就已使用的学官名称，在中国汉代、唐代的大学中都设有此职。日语中则与中文同用“教授”一词来称呼大学中的老师。

“嫦娥奔月”与电磁波技术

2007 年 10 月 24 日，中国第一颗探月卫星——“嫦娥一号”在中国西昌卫星发射中心成功发射，飞向太阳系家族中离地球最近、最亮的星球——月球。人类至今已先后将各种卫星、飞船、航天飞机和空间站等 5000 多个航天器送入太空。然而，太空并未因此变得杂乱无序，每一个航天器始终按照自己的轨道飞行，偶尔偏离轨道，也能很快“迷途知返”，这主要依靠地球上庞大的航天测控网。

我国月球探测一期工程的测控通信系统使用“统一 S 波段（USB）”航天测控网，满足“嫦娥一号”月球探测器各飞行阶段的遥测、遥控、轨道测量和导航任务。统一 S 波段（USB）航天测控网是指使用 S 波段的微波统一测控系统。这里的微波统一测

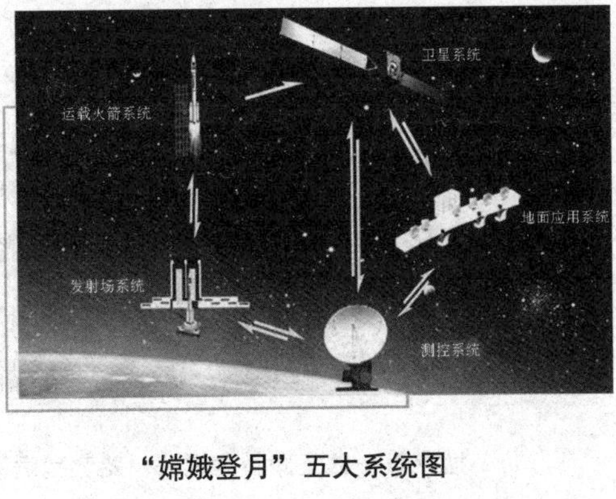

“嫦娥登月”五大系统图

控系统是指利用公共射频信道，将航天器的跟踪测轨、遥测、遥控和天地通信等功能合成一体的无线电测控系统。

基本小知识

西昌卫星发射中心

西昌卫星发射中心，始建于1970年，于1982年交付使用，1984年1月发射了中国第一颗通信卫星。中心由总部、发射场、通信总站、指挥控制中心和三个跟踪测量站，以及其他一些相关的生活保障单位组成。发射场的坐标位置为东经102度、北纬28.2度。主要担负广播、通信和气象等地球同步轨道卫星发射的组织指挥、测试发射、主动段测量、安全控制、数据处理、信息传递、气象保障、残骸回收、试验技术研究等任务。

“嫦娥一号”在中国西昌卫星发射中心成功升空，为满足月球探测任务的需要，嫦娥一号卫星携带了8种仪器：CCD相机和激光高度计共同承担月球表面三维影像探测任务，干涉成像光谱仪、γ射线谱仪、X射线谱仪共同承担月表化学元素与物质成分及丰度探测任务，微波探测仪承担月壤厚度探测任务，太阳高能粒子探测器和两台低能离子探测器共同进行地月空间环境探测。

电磁波与空间望远镜

我们知道，地球大气对电磁波有较多的吸收，我们在地面上只能进行射电、可见光和部分红外波段的观测。随着空间技术的发展，在大气外进行观测已成为可能，所以就有了可以在大气层外观测的空间望远镜。空间观测设备与地

世界第一台空间望远镜——哈勃望远镜

面观测设备相比，有极大的优势：以光学望远镜为例，望远镜可以接收到宽得多的波段，短波甚至可以延伸到100纳米。没有大气抖动后，分辨本领可以得到很大的提高，空间没有重力，仪器就不会因自重而变形。紫外望远镜、X射线望远镜、γ射线望远镜以及部分红外望远镜的观测都是在地球大气层外进行的，属于空间望远镜。

知识小链接

天文观测

观测天体的重要手段是天文望远镜。可以毫不夸张地说，没有望远镜的诞生和发展，就没有现代天文学。随着望远镜在各方面性能的不断改进和提高，天文学也正经历着巨大的飞跃，迅速推进着人类对宇宙的认识。

由于地球大气的存在，使得在地面进行的天文观测受到许多限制和影响。在月面上放置一台天文望远镜，可以完全避开地球大气的影响，获得极高精度的观测资料，并可充分利用月球自转周期长的有利条件，获得长时间覆盖的连续数据。这些优势都非常适合以下科学目标的研究工作：星震学研究、太阳系外行星的观测研究、光变天体的高精度监测和γ射线的快速光学认证等。

月基望远镜想象图

二战期间英德间电波之争开创“导航战”先河

现代词汇中经常出现的“导航战”（Navigation Warfare）一词，在总体上与“电子战”非常相似，通常它们二者都被认为是一种新的现代科学技术的发展成果，是当今时代的典型特征之一。事实上，无论是“电子战”还是“导航战”，它们的起源都可以追溯到近70年以前，即第二次世界大战期间，德国于1940年对英国发动的空袭闪击战。这是有据可查的最早的关于“电子战”和“导航战”的历史记载。

最初德国对英国居民点的空袭在白天进行，但是这种做法没有征服英国，于是德国空军的轰炸行动开始改在夜间进行，因为这样做可以大大减少德国空军轰炸机的损失率。在白天的战斗行动中，英国皇家空军战斗机司令部的喷火式战斗机和飓风式战斗机，在其机载雷达的帮助下给德国空军的轰炸机造成了极大的麻烦，但是到了夜间，情况就不同了，德国空军面临的英国空军的战斗机的威胁会大大减少。这时德国空军进行夜间轰炸所面临的主要的障碍，实际上同这一时期发生的所有的盲目轰炸一样，就是缺少机载的地图测绘雷达，最主要的就是没有精确的导航支援。在当时，德国空军是世界各国空军中一支很强大的创新者，它积极地寻求解决这一问题的办法。它的出发点就是引入洛伦兹盲降系统（或叫仪表着陆系统），在德语中被简称为LFF。这一洛伦兹系统工作于38兆赫兹的频率上，用来帮助实施盲降的飞机在着陆前的下降过程中校准它的航向。在机场跑道的起头处，设立有一个无线电发射机，这个发射机共有三副天线，这些天线可以发射两束重叠的无线电波。其中一束电波是用一系列的“长画”来调制的，另外一束电波是用一系列的“点”来调制的，类似于莫尔斯电码中的“点”和“画”。

英德导航战1

德国空军的许多轰炸机都装备了这种洛伦兹接收机。如果轰炸机的航向与电波波束的指向保持一致，飞行员的耳机当中就会听到一种持续不变的音调，如果航向偏左或是偏右，飞行员会听到“点”或者是“画”的音调。洛伦兹系统是一个巨大的创新，在当时它最终导致了现代的仪表着陆系统（ILS）的产生。此外，使用与盲降系统相同的一套接收机，洛伦兹系统还能够为轰炸机实施准确轰炸提供一种导航支持。Knickebein系统就是其中的一个，这个系统由德国神话中的一种大乌鸦而得名，是一种改进型的洛伦兹系统，它的天线系统体积更大，方向性更强，

英德导航战 2

并且易于操纵，可以在更远的距离上产生一个更窄的波束（只有0.3度宽）。Knickebein系统能够向着轰炸目标发出两束波束，轰炸机沿着其中一条具有引导功能的波束的中间方向飞向目标，这束电波的前进方向正好通过目标的正上方，它与另外一束电波在目标上空相遇交叉，这个地方就是轰炸机投弹的地方。Knickebein系统是洛伦兹着陆系统的一个变种使用，它确实是一种崭新而神秘的装置。Knickebein系统之后是一种更加先进的被称为X－Geraet的系统，它由汉斯·普兰德尔博士发明，使用多个洛伦兹型的发射机来为轰炸机定位，工作频率66兆～75兆赫兹。

轰炸机沿着引导波束（从目标的上方通过）的中间飞行，然后与用来进行交叉定位的多个波束相交，在每一个电波交汇的地点系统都会告知飞行员他的飞机距离轰炸目标的距离。在第一个波束交叉点系统会提示还有50千米远的距离，告诉飞行员精确瞄准沿着引导波束的中间来飞行。第二个波束交叉点出现在距离轰炸目标20千米远处，系统会告诉领航员打开一个时钟。这个时钟有两个独立的指针，其中的一个在这个点上开始旋转。第三个波束交叉点在距离目标5千米远的地方，这时领航员打开时钟的第二个指针，当时钟的这两个指针成一条直线时，会触发投弹的电子自动装置来完成投弹。X－Geraet系统需要精确的飞行控制和精确的无线电波发射机的校准装置，这一校准装置被安装在一个操作非常简便的转盘上面。别看它简单，它却能够提供当时最高级别的精确度。德国空军的第一〇〇特别轰炸大队于1939年末成立，装备有25架经过特别装配的He－111引导轰炸机。敦克尔克战役之后，

德国空军在荷兰和法国境内建造了一系列 Knickebein 系统和 X – Geraet 系统的场站。

英国人很快就得到了关于 Knickebein 系统和 X – Geraet 系统的警报。早在 1939 年 11 月，英国人就收到了一个由一名德国的反政府的科学家提供的技术情报资料，称为“奥斯陆报告”。1940 年，通过缴获的日记、笔记，对俘虏的德国轰炸机领航员的日志和对被击落的德国空军机组人员的审讯记录，英国人证实了英国技术情报单位最担心的事情，那就是，德国对盲目投弹的支援是真实的、有效的。

为了摸清德国空军的真实企图，英国皇家空军组建了有史以来第一个电子情报单位，这个单位装备有三架过时的老掉牙的 Avro Anson 轰炸机，机上载有适合工作需要的无线电接收机。经过多次的努力，对 Knickebein 系统发射的电波波束的探测终于在 1940 年 6 月获得成功，英国人探测到了一个 400 ~ 500米宽的波束，并在 31. 5 兆赫兹的频率上找到了预期中的信号调制的特征。随后英国人又发起了针对德国 Knickbein 系统的“头痛”行动。最初英国人采取的防御性措施是安装使用陆基的噪声干扰发射机，并让其在 Knickbein 系统的频率上工作。这种发射机是由医疗设备——烧灼伤口的电子透热治疗仪器改进而来的。

英国人的第二项措施是征用所有能够加以利用的洛伦兹着陆系统发射机，经重新装配后作为干扰发射机使用来对付 Knickebein 系统。由于当时英国可以得到的这些发射机的功率都比较小，因此它们只是能够干扰 Knickebein 系统的信号，但是还无法实现英国人既定的目标，那就是促使 Knickebein 系统波束发生弯曲，使轰炸机的航向偏离轰炸目标。英国人在陆基告警接收机方面做了更多的工作，经过改进，这些告警接收机可以确定 Knickebein 系统中的诸多频率在某一天的具体使用情况。

1940 年 7 月，英国在其东海岸的多个雷达站部署了许多这样的接收机。然而，英国对德国实施的电子战（ECM）的核心却是“阿斯匹林”计划，它的做法是利用一个大功率发射机来仿效德国的 Knickebein 系统发出的用“点”调制出来的信号，这样就可以迷惑德国的飞行员，甚至当飞行员已经锁定在了 Knickbein 系统的电波上的时候，他还会听到由“阿斯匹林”系统的干扰机发出的“滴、滴”的声音（即“点”的声音）。

英国的权威人物，如阿尔弗莱德·普莱斯等人指出，英国当时并没有研究使用一个同步欺骗中继式干扰机来改变德国人的电波波束的指向，尽管这一做法在今天已经非常普及。英国人成功发起的是大规模、不连贯、非同步式的干扰，在这些干扰面前，德国飞行员使用电波导航的能力被大大削弱。普莱斯非常理智地指出，尽管英国的电子反制措施多次对德国 Knickebein 系统电波造成了波束扭曲，但是这种现象带有较大的偶然性。

当德国空军的轰炸机、英国的“阿斯匹林”干扰机和位于欧洲大陆上的 Knickebein 发射场这三者之间的距离恰好满足条件，即德国的轰炸机接收到英国人发出的这些“点”的信号在时间上正好与 Knickebein 系统发出的信号同步，这样，德国的飞行员就会被欺骗了。

知识小链接

干扰机

随着国内数字卫星接收机价格的不断下降以及卫星节目不断增加的影响，各地私人安装卫星地面接收机的用户不断增加，给各地有线电视网络带来了很大的冲击，但是由于网络电视台人力物力的不足，接收点分布不均匀且主要分布在农村，若强行拆除又带来了社会不稳定的因素，许多地方也因此出现广大用户集体上访的事件，给稽查工作也带来了一定的困难。正因为这种矛盾的存在，使私人安装卫星接收设备日益增多，有线网络电视用户逐年成负增长，致使许多乡镇有线电视网络无法正常运转，若此问题得不到妥善解决，既不利于有线电视网络正常运行，也给安全播出带来很大的威胁。

普莱斯还指出，德国飞行员受到迷惑的另外一个可能性就是德国飞行员们把他们的接收机调谐到了“阿斯匹林”干扰机的频率上，而不是调谐到了 Knickebein 信号上。由于 Knickebein 信号是从欧洲大陆上传播过来的，所以其信号强度比英国人的干扰信号要弱得多，故此德国飞行员错认电波信号也绝非偶然。普莱斯引用了一名被俘的德国轰炸机机组成员讲过的一个故事，他说这架德国轰炸机跟着“阿斯匹林”信号来飞行，后来才发现他们兜了一个大大的圈子。

到1940年10月为止，为了对付德国的Knickebein系统，英国总共部署了15个“阿斯匹林”干扰机。在与德国轰炸机的对抗中，英国投下了巨大的赌注。一份对Knickebein系统导航精确性的评估报告称，Knickebein系统能够在轰炸目标的周围划出一个300米见方的区域，如果用40架轰炸机来进行轰炸，那么平均每隔17米投下一枚炸弹就可以对目标实施饱和轰炸。1940年，德国空军把它的KG.100轰炸机联队投入到了对英国的空袭战斗之中，这个联队使用更加先进、更加精确的X–Geraet导航瞄准系统来进行导航。20架He–111H重型轰炸机在夜间轰炸了位于伯明翰的一家生产“烈火式”战斗机的工厂，有11枚炸弹击中了工厂厂房，创下夜间空袭历史上精确度之最高。X–Geraet系统在英国皇家空军的代号中被称为“无赖”，它工作于74兆赫兹的频率上，能够产生与Knickebein系统类似的调制波。X–Geraet系统的平均误差可以稳定在120米左右，而现在的GPS全球定位系统的定位精度在最糟糕的情况下也可以达到30米的精度。为了对付德国的X–Geraet系统，英国使用雷达部件研制出了一种名为“Bromide”的干扰机。在Bromide干扰机还处于研发的阶段，德国空军KG.100轰炸机联队在X–Geraet系统的帮助下实施了40余次空袭。

这些空袭行动的主要目的是进行作战评估和发展战术。正是在这些行动中，KG.100轰炸机联队开始投下燃烧弹，燃烧弹落地后造成持续燃烧的大火，火光能够为其他有着更大杀伤力的炸弹的攻击标明目标。后来英国皇家空军轰炸德国城市时也使用过类似的方法，英国人把它称为“路径寻找技术”。1940年11月6日，英国皇家空军得到一个意外的情报，一架KG.100联队的He–111轰炸机在英国的布里德波特附近的海滩降落。英国对位于法国境内的德军无线电发射器的探测和干扰，导致了这架海因克尔飞机偏离了航线，最终因燃料耗尽而迫降。不幸的是，在打捞这架海因克尔飞机的过程中，英国皇家海军由于操作失误使这架飞机沉入了浅水中，值得庆幸的是英国人后来成功恢复了这架被水浸泡过了的飞机中的X–Geraet接收机。德国空军对英国考文垂市的毁灭性的轰炸，也是在KG.100轰炸机联队使用X–Geraet系统引导之下来完成的。这个系统有两波束发射装置，一个位于法国西北部的瑟堡半岛，用来发射起引导作用的无线电波射束，另外一个位于法国的加来，用来发射起横断、交叉作用的无线电波射束。英国第一批投入使用的四个 Bromide 干扰机并没有发挥出预期的作用，因为它们的调制方式与 X－Geraet系统并不匹配，被 KG. 100 联队轰炸机上的接收机给过滤掉了。KG. 100 联队的轰炸机锁定了考文垂，加上从其他飞行单位来的共计 400 多架轰炸机对考文垂实施了轰炸，集中投弹量达到 450 吨。

英国对俘获的 X－Geraet 系统的接收机进行了分析，这对改进他们的 Bromide干扰机和制造新型的干扰机非常有帮助。由于 Bromide 干扰机性能的改进，1941 年 11 月 19 日 KG. 100 联队对伯明翰的空袭遭到了失败。尽管如此，英国皇家空军还是面临着问题，那就是他们没有足够数量的干扰机来覆盖和保护整个英国的国土面积。正是因为这个原因，伦敦、南安普敦和谢菲尔德等几个城市遭到了德国人成功的轰炸。

到 1941 年初，X－Gerae 系统已经开始失去其当初的战斗力，德国空军也开始对它失去信任。但是德国空军又开始部署第三种无线电轰炸导航系统，这套系统同样也是由普兰德尔博士发明的，被叫作 Wotan II 系统，也被叫作 Y－Geraet 系统。Y－Geraet系统使用一个与 X－Gerae系统非常相似，但是具有自动化特征的工作方案来为轰炸机领航和跟踪目标。它使用一个发射场的异频雷达收发机来测量Y－Geraet系统主站和轰炸机之间的距离。Y－Geraet系统主站的操作员可以跟踪轰炸机的位置，并通过无线电通信向飞行员发布航向修正指示，这与“背对面的测距装置”的工作原理完全相同。

广角镜

车载 GPS 导航仪

随着汽车的普及和道路的建设，城际间的经济往来更加频繁，活动的区域也越来越大；为了提高生活质量，大量的休闲活动、探险活动的举行使我们并不局限在自己认识的一小块区域中，不认识道路，找不到目的地的情况也屡有发生，就此，车载 GPS 导航仪将会以合适的价位走入车主的世界，成为车上的基本装备。车载 GPS 导航仪解决方案，其实是最灵活和最复杂的，车载 GPS 导航仪有很多种解决方案可以满足车载的需要。

但是德国空军使用Y－Geraet系统并没有给它带来比使用前两种导航系统更多的幸运和成功。原因是英国在伦敦北部的 Alexandra Palace 这个地方启用了一套备用和实验用的英国广播公司（BBC）的电视发射机，并通过改造使它能够重复广播Y－Geraet系统的测距信号，这种装置被命名为“多米诺”。

过了没多久，英国人又在索尔兹伯里的 Beacon Hill 部署了第二套这种专门用来对付 Y－Geraet 系统的“多米诺”干扰机。为了完全破坏德国实施的测距行动，英国皇家空军对 Y－Geraet 系统有效地实施了代号为“测距电波偷梁换柱”的干扰计划。在这一计划中，德国的地面站接收机会被引诱，用雷达自动跟踪英国的“多米诺”干扰机信号，而不是跟踪安装在轰炸机上的 Y－Geraet系统异频雷达收发机的信号，这样英国人就能够以“多米诺”干扰机的距离来假冒德国轰炸机的实际距离，从而达到偷梁换柱之目的，使德军的测距失去准确性。“多米诺”干扰机果真起了作用，在 1941 年 3 月的头两个星期内，Y－Geraet 系统引导下的空袭行动最终只有 20% 实施了可控制的投弹，有三架汉克飞机被击落。

5 月初，英国皇家空军修复了这些被击落的飞机上的 Y－Geraet 系统接收机。英国人很快发现，用以测量电波波束的方位误差的自动化装置，对连续波干扰很敏感，它的方向分析机的电路会因连续波的干扰而损坏。此时德国空军已经没有时间对英国发动更多的空袭行动了，随着针对苏联的“巴巴罗萨计划”的形成，KG. 100 联队被重新部署到了东方战线上，至此，英国与德国之间的电波之战最终以德国的失败而告终。

第二次世界大战期间英德的电波之战通常被看作是有史以来的第一次电子对抗领域的现代作战行动。在这场斗争中，德国人的失误在于它没有重视改进其电子系统的抗干扰性能，而是一味地部署更加新型、更加先进的系统。时至今日，这场电子对抗行动仍然不失为一个值得后人学习的典型战例，通过对这一战例的学习和研究，人们能够知道技术情报的收集和分析工作是如何进行的，以及它对现代战争是多么的重要。

GPS 在军事上大显身手

在军事任务中，GPS 是大幅提升军力的重要手段。GPS 具有的通用数据、通用格栅、通用时间，使它在军事作战的各个方面都起着重要的作用。

GPS 独一无二的特性是：在地球上任何时间，任何地点，任何光照、气候或在其他资源无法看清目标的条件下，能在目标和瞄准该目标的动态武器系统之间建立起四维空间的唯一相关性。GPS 的这一特点增强了精确武器的杀伤力，提高了军事任务策划者指挥军队作战的效率，使执行任务的战士或部队减少风险。其优越性甚至达到这种程度：凡是利用精确的 GPS 信号确定的目标点和制导的武器，无论在任何环境下其击中目标的概率远高于任何其他目标瞄准和定位相结合的技术。此外，由于 GPS 的应用不需要发射电子信号，因此，GPS 可在要求不会产生无线电波的情况下，实现安全、高效和精确作战。由于 GPS 的这种性能特点，国防部和国会都始终强令军事作战使用 GPS。GPS 的功能已经或正在被装备、集成到国防部运行的几乎所有重要军事作战系统及其通信、数据等支持系统中。现将特别任务组对 GPS 在各项军事任务中的作用分别简要评估如下。

GPS 在军事上的应用

◎空中应用

GPS 可为所有载人和不载人空中平台的空中作战提供全球精确制导。在整个飞行阶段，包括精密进近和着陆，GPS 无须依赖地基导航或地面控制，就能在全球任何地方提供点到点的空中导航。在飞机上，GPS 与惯性导航联合使用效果最好。在GPS惯性制导组合系统中，GPS为惯性制导系统提供初始化数据，为惯性系统漂移提供补偿，同时，惯性制导系统也为GPS提供在高加速度运动和方向改变时改善跟踪性能。在许多应用中，GPS/惯性制导联合系统可以使用低成本的惯性系统，而单独用的惯性系统成本高。通过联合战术信息分发系统（JTIDS）通信网络转发的GPS位置数据，可为航空指挥官连续提供空中战机部署的三维精确图像。无论是飞机还是机载武器都可使用GPS。但是，由于目前只有少数类型的飞机能直接向机载GPS武器传输初始化数据，从而使它们从机翼下或弹舱中释放出来时能迅速捕获和跟踪GPS信号，因此机载GPS武器的效能尚未充分发挥。

◎海上应用

GPS能为公海、沿海区域、海港和内陆水道上航行的舰船提供全球无缝海事导航。GPS已经取代了以前公海上的舰船和潜艇导航常用的两种无线电导航系统，取消了飞机从公海返回航空母舰时所需要的高功率无线电通信要求。GPS也改善了在夜间和可视条件很差的情况下极近距离操作的安全性。

◎陆地应用

GPS使全球陆地作战更有效和更安全。GPS与带有栅格的地图相结合能使地面部队在无特征地形条件下实施协同作战；与激光测距仪合用时，可精确确定GPS制导武器的远距离攻击目标。GPS与战术安全通信设备合用，可使指挥官连续掌握部队的位置和行进方向，提高作战效率和减少误伤。至于GPS在森林、高山和城市地区应用的局限性，可以通过增强军用信号和提升卫星遮蔽角的方法予以解决。

◎太空中的应用

GPS能连续高精度地确定地球同步轨道（GEO，约35400千米）高度以下的卫星轨道，从而使GPS取代了地基雷达。这类地基雷达应用不方便，必须提前预报卫星过顶时间，无法连续跟踪单颗卫星，而且许多地基雷达还必须建在国外。GPS 星座运行于中圆轨道（MEO，约 20350 千米），因此 GPS 对运行在低于 7400 千米轨道上（而低地球轨道远低于这一高度）的卫星，能像对飞机导航那样提供连续的点定位；对位于 MEO 或高于 MEO 轨道运行的卫星则要跟踪来自 GPS 星座另一半卫星溢出地球边缘的 GPS 信号，并采用连续采集数据技术确定其轨道位置；如果处于 MEO 和地球同步轨道卫星的系统要使用 GPS，则需要捕获直接对地球广播的 GPS 信号，使处于地球另一面的卫星能够接收到足够强的 GPS 信号能量，这样，这类轨道上的卫星才能完成轨道测量计算。

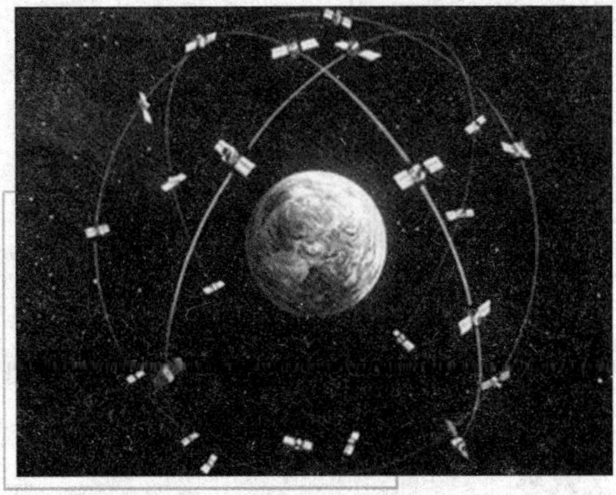

GPS 在太空中的应用

◎武器投放

利用 GPS 可以实现从全球任何地方全天候、全天时的精确武器投放任务。GPS 已提高了各种炸弹、巡航导弹和火炮的命中率和准确度。GPS 能使武器从距目标越来越远的射程外进行远距离投放，从而提高了武器投放机组人员的安全。巡航导弹在缺少地形特征或缺少预知任务计划资料情况下，通常难以执行攻击任务，但是 GPS 却为巡航导弹完成这类攻击任务提供了多种部署选择。采用 GPS 精确制导炸弹或 GPS 锁定目标坐标的火炮对敌攻击，为近距离接近敌方的地面支持部队提供了更高的安全性。

◎目标瞄准

在使用 GPS 制导武器攻击固定目标时，目标位置误差（TLE）是系统总误差中的单一最大贡献者。如果能采用 GPS 来精确测定这些目标的坐标，就可大大增强精确攻击这些目标的能力。地面部队和前进航空管制人员通常把GPS与激光测距探测结合起来使用。GPS与机载合成孔径雷达结合使用，也可获得与飞机位置相关联的精确目标瞄准信息。

◎特种部队行动中的应用

GPS除了对陆、海、空导航定位，目标瞄准和武器投放贡献巨大外，还在特种部队行动中发挥作用。GPS在任何天气条件下能使特种部队人员实现陆地、海洋和空中的日夜隐蔽、准确会合。特种部队只需利用GPS了解各自的精确位置和时间信息就可实现会合，而不需要发射无线电或其他容易暴露自己的不必要标志。

◎后勤补给

GPS增强了各种后勤保障和补给工作的安全与效率。它能为军事规划作战行动提供事先在隐蔽地点配置军用补给品的精确位置，即使不能事先确定补给品的位置，GPS也能准确确定所需补给品的投放位置。GPS可在任何天气条件下，精确、隐蔽、全天时地实现对舰船的海上补给和加油交会操作以及飞机在空中加油的交会操作。

◎扫雷/清除爆炸物

GPS利用差分技术的增强系统，能精确绘制出地下或水下雷区的分布图，为建立安全航线和提高清除爆炸物操作的安全性做出贡献。

◎搜索与救援

GPS能精确确定被击落飞机逃逸飞行员的位置，从而提高救援的成功率。目前投产的作战遇险脱逃者定位器手机，已将GPS融合到低截获/低探测概率的超视距和直接通信装置中，从而大大提高了搜索与救援能力。

◎通信系统

GPS为有线、无线通信和数据网络提供时间和频率同步。对于加密的通信和数据传输，特别是保持不同网络之间节点的有效沟通，同步化是必不可少的。海军观测站负责国防部的授时任务。USNO 的任务之一是管理维护 GPS 主控站的互为备份主钟，并提供校准 GPS 时间与 USNO 标准时一致所必需的数据。GPS 卫星星座的授时信号也就是 USNO 时间的传输版，并且已被参谋长联席会议正式指定为军队作战使用的时间源。

◎ 情报、监视和侦察系统

GPS 能增强有关情报、监视和侦察数据的地理坐标效能，同时提供各类 ISR 系统所用的精确授时信息。

◎ 网络中心战

GPS 为网络中心战开展支援或攻击行动，提供所需的授时和同步化，也能为在网络中心战中可能使用的各种无人驾驶飞行器提供短期或长期的精确导航。

◎ 战场感知

GPS 能为有效的战场感知能力提供基础的三维空间与时间信息。三维空间信息通过联合战术信息分发系统和增强定位报告系统等战术通信/导航网络传输，为各级指挥机构连续的战场感知奠定基础。精确的三维空间和时间信息也是“蓝军跟踪”和“联合蓝军态

拓展阅读

GPS 前景

由于 GPS 技术所具有的全天候、高精度和自动测量的特点，作为先进的测量手段和新的生产力，已经融入了国民经济建设、国防建设和社会发展的各个应用领域。

随着冷战结束和全球经济的蓬勃发展，美国政府宣布2000 年至2006 年期间，在保证美国国家安全不受威胁的前提下，取消突袭政策，GPS 民用信号精度在全球范围内得到改善。这将进一步推动 GPS 技术的应用，提高生产力、作业效率、科学水平以及人们的生活质量，刺激 GPS 市场的增长。据有关专家预测，在美国，单单是汽车 GPS 导航系统，2000 年后的市场将达到30 亿美元，而在中国，汽车导航的市场也将达到50 亿元人民币。可见，GPS 技术市场的应用前景非常可观。

势感知”能力的重要组成部分。这种能力有利于减少误伤和协同作战。例如伊拉克战争中的人工闪电，伊拉克战争又称美伊战争、第二次海湾战争。2003 年 3 月 20 日，以美国和英国为首的多国部队正式宣布对伊拉克开战。在 3 月 26 日美国哥伦比亚广播公司报道美国军队第一次在伊拉克使用了“微波炸弹”，轰炸的结果使得伊拉克电视台转播信号被迫中断。巡航导弹携带着微波炸弹飞向目标，微波炸弹通过巡航导弹发射。该炸弹利用微波发生器产生快速脉冲波束，能以高能量微波辐射攻击敌方武器平台的电子设备，在其内部骤然加热，熔化或烧毁其电子元件。试验表明，在目标区内当微波束能量密度达到 10～100 瓦/厘米^2 时，可烧毁任何工作波段的电子元件；在距离“微波炸弹”2. 5 千米之内，敌方的所有无线电电子系统、雷达系统、通信系统、计算机都会在一瞬间失去作用，敌方指挥中枢将丧失作战能力。其中一种被称为“人工闪电”、由巡航导弹携带的“高能微波”装置在击中目标后，瞬间产生的能量“相当于世界上最大的水力发电站在 24 小时内产生的电能”。它的电磁脉冲可以通过通风口、管道和天线进入各种建筑包括厚厚的地下掩体，把 300 米以内的所有计算机内部的电子元件“烤焦”。是威力巨大的电磁武器。

电磁波辐射会对人体造成损伤，这是已被科学所证实了的。一些国家正在利用这一原理，研制威力巨大的电磁武器。根据电磁波长，电磁武器分为五类：低频和极低频武器、射频武器、超高频（或微波，简称 MO）武器、光频武器和粒子武器。

低频和极低频武器威力较小。它不会摧毁人的细胞而伤害人的性命，但仍不失为一种令人生畏的武器。它的射线能够改变人的新陈代谢过程，特别是干扰甲状腺的功能，从而使人的反应速度降低，记忆力减退，动作变得笨拙。射线的频率越高，其威力就越大。

现代战争与电波

◎从现代战争看电磁环境效应

现代高技术战争是在复杂多变的电磁环境中展开的。电磁环境效应，直接影响着武器装备战斗效能的发挥和战场的生存能力。

随着高科技在军事领域的广泛应用，各种军用电磁辐射体如雷达、通信、导航等辐射源的功率越来越宽，再加上高功率微波武器等定向能武器和电磁脉冲弹及超宽带、强电磁辐射干扰机出现，使战场的电磁环境十分复杂。因此，有效地运用电磁频谱，控制电磁环效应，夺取并保持电磁优势，是打赢现代高技术战争的重要前提和至关重要因素。

高技术战争是信息化的战争，交战的双方是以军事电子技术和信息技术为基础在信息领域的对抗。无论是海湾战争、伊拉克战争，美国无不得益于信息技术的运用。

巡航导弹携带着微波炸弹飞向目标

在信息干扰方面，每次战争前美军都首先派出多架电磁干扰飞机，对预定空袭区域进行定向强电磁干扰，破坏对方的电磁辐射源，使对方实施反空袭作战行动受到压制。而Ea－6B“徘徊者”电子战飞机则投放强电磁辐射弹，战斧巡航导弹携带高功率微波弹，以非核爆炸方式产生类似于高空核电磁脉冲的强电磁辐射，直接摧毁或损伤各种敏感电子部件，使对方雷达、计算机系统等电子装备和互联网络失去工作能力，有效地控制了战场的电磁环境。而在科索沃战争中，南联盟则吸取海湾战争的经验教训，在敌强我弱的情况下，巧用信息技术手段，躲避敌方侦察，采用防御信息战，不仅击落了包括 F－117A 隐形战斗机在内的多架北约飞机和巡航导弹，而且有效地保存了实力，使北约的空袭不能完全奏效。

在高技术战争中，微电子技术和电爆装置广泛应用于武器系统，以计算机控制技术为核心的 C^3I、C^4I 系统已成为现代战争的“神经中枢”和“耳目”，武器系统实现了高度电子化和智能化，精确制导武器或信息化弹药已成为战场上的基本火力。海湾战争、科索沃战争和伊拉克战争都已经证明，大量智能化武器和精确制导武器在战争中发挥了独特的作用。如智能化地雷、智能化水雷，能够在探测到目标信息后，自动跳向目标并予以摧毁。美军 B－52 轰炸机在防空地域外发射“斯拉姆”空地导弹攻击伊拉克发电站时，发射的第二颗导弹能够不偏不倚地从发射的第一颗导弹炸开的弹洞中穿入，这不能不说是计算机技术的运用和精确制导武器发挥了关键作用。

武器系统靠电子技术大大提高了作战效能，同时武器系统强烈地依赖于电子设备及其所处的电磁环境。所以，战争的信息化，武器装备的现代化和天基发射技术、卫星侦察技术、战场监视技术与电磁对抗技术的综合运用，使高技术战争成为“硬摧毁”和“软打击”并用的“海、陆、空、天、电”一体化的五维战场。掌握信息优势，制电磁权已成为高技术战争的制高点。

拓展阅读

各式各样的战争观

对战争的根本看法。包括对战争起源、战争根源、战争原因、战争本质、战争性质、战争目的、战争与相关因素的内在联系、消灭战争的途径及战争与革命、战争与和平的关系等观点。它对认识和指导战争具有重要作用。战争观是战争实践在人们头脑中形成的理论观点，受人们的认识能力和阶级立场的制约。战争在发展过程中的本质联系的暴露程度，也对人们战争观的形成产生影响。因此，不同时代、不同阶级的人们，便有了对战争的不同看法。例如，有人认为战争是不祥之器，有人则说战争是万物之父；有人认为战争来自人的欲望，有人却说战争是对待尘世财产和事物的虚无状态；有人认为战争是死亡的拥抱，有人则说战争是一切事物的原始，等等。

现代战争中的电磁环境

战场电磁环境的形成是以电磁空间的发展和战场电磁应用与反应用的开展为基础的。在各自部队中用无线电通信进行通信联系成为人类电磁波军事应用中最早开辟的领域，随着电磁理论和电磁应用不断取得重大突破，雷达、导航、卫星等先进武器系统先后投入使用，电磁频谱利用资源越来越宽，对抗手段层出不穷，电磁波已经成为人类传递信息和能量的最重要形式，由此形成了复杂的战场电磁环境。

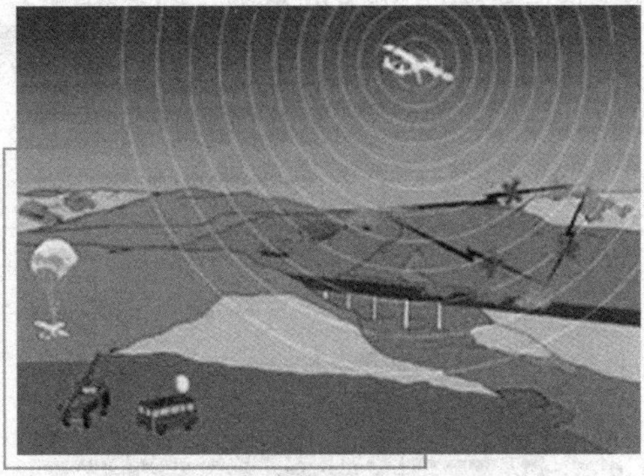

战争中的电磁环境示意图

电磁环境难以直接被人感知，但是从电磁辐射原理出发，可以发现空间状态、时间分布、频谱范围和能量密度等是战场电磁环境形态描述的常用指标。空间状态无形无影却纵横交错，时间分布持续连贯却集中突发，频谱范围无限宽广却使用拥挤，能量密度流量密集却跌宕起伏。战场电磁环境的复杂性特征通常表现在四个方面：信号密集、样式复杂、冲突激烈和动态交迭。

各种各样的电磁波信号充斥了整个战场空间，电磁设备兼容矛盾突出，电磁领域的恶意对抗活动是战场电磁环境复杂性的最活跃、最不可控、最有针对性和破坏性的主要因素，战场电磁环境因而更加复杂。战场电磁环境存在方式不确定，既取决于电子设备的工作状态、系统的数量和性能，也取决于战场空间的季节、天候、地形等条件的不同和电离层高度、电介质性质、地磁场分布等因素的变化。

◎电磁战争中的干扰“克星”

为什么说扩频通信是干扰的“克星”呢？我们知道，通常的超短波通信10瓦电台能通20～30千米远，而伪码扩频设备10毫瓦即能通30～50千米。也就是说，扩频系统能带来30分贝以上的信噪比改善，使干扰的影响减少了1000倍以上。熟悉通信的人都知道，几十年来人们为信噪比的改善付出了极大的努力，要1分贝、1分贝地挖掘，2～3个分贝的突破已是很大贡献。而突破性的时刻到来，是GPS信噪比的改善成为现实，这确实是一次巨大的飞跃，只就这一点已经可以说扩频通信是当代通信技术的新成就了。它对抗干扰影响具有重要作用，而且扩频通信还将带来一系列革命性的影响。

电磁战中干扰设备工作示意图

我们再从最佳通信系统的角度来看扩频通信：最佳通信系统＝最佳发射机＋最佳接收机。几十年来，最佳接收理论已经很成熟，但最佳发射问题一直没有很好解决，而伪码扩频技术却是一种极佳的信号形式和调制制度，构成了最佳发射机。因此产生了：最佳通信系统＝伪码扩频＋相关接收。

有了这种全新的认识，人们就已不难预测扩频通信的未来前

你知道吗

伊拉克战争的导火线

美国“9·11”恐怖袭击事件发生后，美国总统布什宣布向恐怖主义宣战，并将伊拉克等多个国家列入“邪恶轴心国”。2002年伊拉克危机爆发，联合国通过1441号决议，联合国武器检查团重返伊拉克检查伊拉克拥有的大规模杀伤性武器。3月18日美国总统布什发表电视讲话，要求并没有在伊拉克境内发现任何大规模杀伤性武器的武检团立即撤离伊拉克。

景了。还使军事通信在电磁环境复杂、干扰严重情况下实现顺畅指挥变为可能，从而为军事通信的进一步发展奠定了重要基础，它已成为未来军事通信和民用通信的一大发展方向。

◎威力巨大的电磁武器

据报道，一些国家正在开发新的电磁能源和武器，它能使人的肌肉不能随意运动，能控制人的感情和行动，给人催眠或给人传递睡眠暗示，干扰人的记忆，使记忆发生错乱，甚至消失。另一种研制中的电磁武器能够摧毁物质目标，尤其是电子目标，甚至摧毁有生命的目标。人体对电场和微波束的抵抗能力很强，因而只有功率强大的电磁武器才能杀伤人类。它杀伤人类的原理是它能够在人体内诱导出有害的生物学反应，特别是对人的大脑功能造成干扰。

有的国家还在研制一种装置，它可以向电离层发射高频电磁波来局部干扰电离层，从而使依靠电离层作为反射层的广播电台和雷达失效。足够强大的电磁波能使一些气象要素受到干扰，从而引起气象灾害：暴风雨、龙卷风、持续干旱……人们甚至打算将来利用可控能源在太空操纵气象。

电磁武器的一大优点是：它的“子弹”是各类电磁波，其速度等于光速，即每秒30万千米，而常规火器中飞行速度最快的导弹，其飞行速度每小时超不过3万千米。常规火器按枪管或炮管的口径分类，而电磁武器则是根据其所发射电磁波的频率长短和调制方式分类。

◎“睡眠武器”：海湾战争的秘密武器

在海湾战争的过程中，美、英等国在战争中使用了各式各样的“睡眠武器”，从而控制战争的进程，减少自身伤亡。

睡眠对于调节人的精神状态、补充体力具有十分重要的作用。如果士兵在战场上连续作战，一旦感到精神疲惫，缺乏睡眠，就会行动迟缓，战斗力下降。处于睡眠状态的士兵则战斗力全无。如何找到一种可靠的办法来控制士兵的睡眠，便成了一些国家的共同想法。

早在20世纪70年代中期，美、英等国就投入巨资研究睡眠控制与调节问题。近年来，英国国防部为了给士兵提神专门发明了一种眼镜装置，其原理是在一副特制的眼镜框上装上光纤。光纤放出的白色强光与日出时的晨曦光谱一样，令士兵提神而又不影响视觉。

这种新发明的眼镜在北约空袭南斯拉夫期间投入使用，美国的轰炸机飞行员使用此“眼镜”由密苏里的轰炸机基地飞往欧洲，全程36小时都保持了清醒状态。这种武器有可能在海湾战争中再次使用。

拓展阅读

海湾战争的环境污染

1990年底爆发的海湾战争历时42天，期间油井大火昼夜燃烧，是迄今历史上最大的石油火灾及海洋石油污染事故，也是人类历史上最严重的一次环境污染事故，其污染程度超过苏联切尔诺贝利核电站发生的核泄漏事故。这次战争所造成的环境污染是灾难性的，已给世界带来了影响。

利用外部电波刺激脑电波产生嗜睡症是软杀伤武器一种。目前，美国正在研究通过频率极低的电磁射线，让大脑释放出约束人体行为的化学物质。这种特殊频率的电磁波“能够让大脑释放出其中80%的天然致眠物质”，使敌方士兵昏昏入睡。这一技术的研究已经接近了实用的程度。通过基因控制使执行任务的士兵保持清醒的头脑，这是“睡眠武器”中的基因武器。科学家认为，白雀可以连续飞行数千英里而无须睡眠，关键在于白雀体内存在着“不眠基因”，寻找并激活人体内类似白雀的“不眠基因”，有可能实现不眠的目标。

药物刺激是最传统的老办法。早在二战中，安非他明这种药品就在美、英、德、日士兵中分发，以消除疲劳、增强忍耐力。不久前，美国一家制药公司秘密研制了一种名为“不夜神”的药品。普通人服用一片“不夜神”，能劲头十足地连续工作40小时而不犯困；接下来睡上8个小时，再吃一片，还可连续工作40小时。这一药品已经引起了美国国防部的关注，甚至被秘密列入打造“不眠战士”的计划中。

然而，“睡眠武器”同时也存在不少弊病。美国毒品管制局的官员指出，安非他命是一种危险药物，极易上瘾并可能出现异常兴奋、沮丧、过度紧张等副作用，而镇定剂也有一定的危险性，包括在药效出现时发生所谓“前行性失忆”，士兵可能会忘记自己要执行的任务是什么。尽管让军人服用刺激性药物的弊端很多，但五角大楼从未放弃打造超级战士的想法。美国防部高级研究项目局的科学家指出：“消除人们睡眠的需要这一设想很有吸引力，但它也许过于激进，我们最大的希望就是当士兵的睡眠时间因战争被剥夺时帮助他们更好地克服。”

未来战争的激光武器

激光作为武器，有很多独特的优点。首先，它可以以光速飞行，每秒30万千米，任何武器都没有这样高的速度。它一旦瞄准，几乎不要什么时间就立刻击中目标，用不着考虑提前量。另外，它可以在极小的面积上、在极短的时间里集中超过核武器100万倍的能量，还能很灵活地改变方向，没有任何发射性污染。这和惊天动地的核武器相比，完全是两种风格。

未来的激光武器

激光武器分为三类：①致盲型。②近距离战术型，可用来击落导弹和飞机。③远距离战略型。这类的研制困难最大，但一旦成功，作用也最大，它可以反卫星、反洲际弹道导弹，成为最先进的防御武器。

知识小链接

中 子

中子是组成原子核的核子之一。中子是组成原子核构成化学元素不可缺少的成分，虽然原子的化学性质是由核内的质子数目确定的，但是如果没有中子，由于带正电荷质子间的排斥力，就不可能构成除氢之外的其他元素。

激光怎样击毁目标呢？科学家们认为有两个方面：一是穿孔，二是层裂。所谓穿孔，就是高功率密度的激光束使靶材表面急剧熔化，进而汽化蒸发，汽化物质向外喷射，反冲力形成冲击波，在靶材上穿一个孔。所谓层裂，就是靶材表面吸收激光能量后，原子被电离，形成等离体“云”。“云”向外膨胀喷射形成应力波向深处传播。应力波的反射造成靶材被拉断，形成“层裂”破坏。除此以外，等离子体“云”还能辐射紫外线或X光，破坏目标结构和电子元件。电磁波与未来新型士兵，请设想一下这样的士兵：他们身上配备着电子仪器，身穿完全能抵御化学制剂或细菌制剂侵害的连体衣服，头上戴着内部有屏幕的红外线头盔（头盔内屏幕上可以显示士兵所处的实际位置，并能显示出士兵射出的枪弹的轨迹），手臂上端着激光步枪或微波手枪（激光步枪或微波手枪可通过卫星与指挥中建立联系）。今后20年内，现在还只出现在科幻电影中的这种可怕的步兵将会出现在战场上。

我国演练中的新型单兵自冷战结束以来，军事领域在战略战术上发生了深刻的变化，由此将导致出现上述这种新型士兵。特别是在美国、法国、英国和以色列等国家，当然我国也在这方面加大了研究，目前对未来士兵领域转化为五个易于使用的模块：服装、装备、通信与信息、武器

广角镜

激光武器的缺点

由于现在激光的技术并不成熟，无法轻易制造出大功率的激光武器，而且激光耗能极大，需要复杂庞大的供电机构，使得激光武器不能大量投入使用。

和能源供给。

对这五个模块中子项目的不断改进，提高这些模块间的凝合力，逐渐形成未来士兵作战系统，这套系统旨在显著提高单兵的态势感知能力。服装上采用热屏蔽面料制作而成，不易被敌方发现，带有激光瞄准的武器，微波通信对讲机等装备，无一不与电磁波相关。

关于面对“未来战争”所使用的可怕武器，人们在几十年以前就已经在着手研制。武器之一是“定向能量”武器。这种武器能发射电磁波或微波，在没有声音、没有烟雾，悄无声息地情况下就能将敌人击倒，而且还能长时间地射击而无须装填，目的是从远距离使敌人失去抵抗力量但又不破坏有关地区的经济，制造垃圾但又不造成环境污染。

什么是电波计时

CITIZEN 电波时计的生命在于内藏一个具有极端精确的电波接收器（天线），能每天自动接收由日本基地台发射出的“标准时刻”电波，自动校正时刻及日历。由于基地台的时计是用稀有的铯（Cesium）原子所制，所以能几乎永久都保持在标准时刻。一般手表每个月都会有 ±15 秒的误差，但是电波时计却拥有 10 万年只误差一秒的惊人效能。

CITIZEN 电波表

CITIZEN 自 1993 年推出首款电波时计至今，始终以“顾客需求”为起点，并以确保“电波收讯感度”为优先考虑，进行省电化与薄型化的工作。并于 2004 年在台湾地区率先引进“10 万年只误差一秒”的电波时计，成为同类商品的领导品牌。

基本小知识

通信技术

人类历史经历了农业社会、工业社会，正逐步进入信息社会。信息是无时无处不存在的。在日常生活中，我们从电视或收音机里收视或收听的天气预报就是信息。当人们了解到天气变化时，就可以决定穿衣多少或者是否携带雨具。至于在经济、政治、军事等活动中，信息就更为重要了。通信是为信息服务的，通信技术的任务就是要高速度、高质量、准确、及时、安全可靠地传递和交换各种形式的信息。

起初，为了发挥功能，电波时计有很多奇异的设计，例如：外接天线、后底盖陶瓷材质等，为了回归手表的本质，CITIZEN 于 2003 年创下同业首例，推出表壳与后底盖全为金属的电波时计。并不断朝“更薄”的方向努力，终于制造出厚度仅 6.82 毫米（设计值）的全金属表壳。

为了将高感度的天线及机芯更小型化，CITIZEN 成立了跨部门的计划小组，终于在 2003 年实现技术突破，制造出长度仅仅 15 毫米的超迷你接收器，2005 年又开发出外径仅 20.8 毫米 × 3.5 毫米之世界最小电波时计机芯。让原本较厚重只能做成男表的电波时计，也能采用于女表。

拓展阅读

电子手表的历程

电子手表出现在 20 世纪 50 年代，经历了五代演变。

第一代叫摆动式电子手表。这种表在 1959 年由瑞士开始研制，是利用生产摆轮游丝的成熟经验和精湛技术制成的。

第二代叫音叉电子手表。1960 年，美国研制成音叉电子手表。

第三代叫指针式水晶电子表。1969 年，日本研制成石英电子手表。

第四代叫液晶显示式电子手表，也叫全电子表或固态表。这种表 1973 年投入市场。后来又出现了具有多功能的数字式电子手表。

第五代电波表，电波表机身由原子时钟和无线电接收系统组成，由国家授时中心发出准确时间，通过无线电接收系统可以自动校对时间的手表。

搭配 Eco - Drive（光动能）的光发电技术，只要有光，就能维持手表的运作。再加上最新的 DURATECT 金属表面硬质化保护技术，手表更不易刮伤，常保如新，写下电波时计历史上崭新的一页。

日本的情报通信研究机构，将日本标准时刻作为标准电波发射，电波时计接收其发射出之电波讯号后，自动地修正时刻与日历，可经常保持正确的时间。

（1）以高精准度：10 万年只有 1 秒的误差之“铯（Cesium）原了时计”来发射标准电波讯号。

（2）以表壳内藏的收讯天线接收标准电波讯号并自动修正时间。

（3）日本标准电波讯号是由“两个发射基地”所发射出来的。

校对时间的表——电波表

所谓电波表，机身由原子时钟和无线电接收系统组成，由国家授时中心发出准确时间，通过无线电接收系统接收、经 CPU 处理后显示时间，电波表 30 万年误差不会超过一秒。简单地说就是一种接受标准时间信息的电波后，可以自动校对时间的手表。

用来校对时间的电波表

电波钟表将传统钟表技术与现代时频技术、微电子技术、通信技术、计算机技术等多项技术相结合，通过接收国家授时中心以无线电长波传送的标准时间信号，经过内置微处理器解码处理后，自动校准计时器走时，使电波钟表显示的时间与国家保持的标准时间自动保持精确同步。

X 光透视机在医学上的丰功伟绩

自 1895 年以来，电磁波在医学上的应用得到了广泛而深入的发展。

当伦琴发现 X 射线以后，不久就被应用在医学上的诊断。因为 X 光是一种有能量的电磁波或辐射，利用 X 光的贯穿作用，医学上可以进行 X 光透视，一般用来检查骨的损伤情况，但在当时 X 射线机的结构非常简单。随着对电磁波的了解，更精确、更安全的诊断仪器在医学上发挥作用，如 CT 和核磁共振成像技术。核磁共振成像是目前头部和颈部诊断成像的最佳技术，磁共振成像技术是利用物质中原子核的磁矩在恒定磁场作用下对高频电磁场产生的共振吸收现象而得到断层图像的方法。磁共振成像技术与常用的 X 射线透射电脑断层照相术（X－CT）及超声相比，有很大优点：能提高与分子环境有关的驰像时间（因热量而导致的动态平衡所用的时间）等参数，提高分辨率的三维结构图像，从而得到病变性质的判断依据和血流、代谢过程的一些参数。所以磁共振成像技术正在得到广泛的应用。用肌磁场得到相关的体电流分布，用核磁共振谱诊断肿瘤。

核磁共振成像技术已是当今医疗中的重要诊断依据。现代医学中的微波治疗是指频率从 300 兆赫到 300 吉赫范围内的电磁波。在 20 世纪 30 年代，医务工作者发现了微波的生物效应。

基本小知识

肿　瘤

肿瘤是机体在各种致癌因素作用下，局部组织的某一个细胞在基因水平上失去对其生长的正常调控，导致其克隆性异常增生而形成的新生物。学界一般将肿瘤分为良性和恶性两大类。

在临床上，微波与生物体的相互作用可以分为两大类，即微波致热效应和非微波致热效应。微波治疗仪所采用的微波热疗是一种非接触加热方式，不存在因电接触造成的热灼伤和电灼伤的可能。近几年，由于各项技术的日臻完善，使得微波治疗无需麻醉，可在门诊完成，具有简便、安全的特点。

微波治疗在国际、国内已经应用多年，其疗效已得到世界医务界的肯定。在手术时以其优越的止血效果，先进的作用原理，微小的组织损伤，而被喻为取代电灼、冷冻、激光的新技术。当前众多的微波治疗仪是一种利用微波对各种疾病进行治疗的新型医疗仪器。它除具有深表加热的特点外，还具有操作方便，定位准确，安全性高以及造价低。通过配备不同的附件设备，可对多种疾病进行治疗，适用于妇科、泌尿科、肛肠科、耳鼻喉科、外科、皮肤科等科室。

微波治疗的特点是采用高频率局部辐射，在较小的微波功率输出条件下，即可达到预期的治疗效果。微波对人体组织的热效应效率高、穿透力强、具有内外同时产生热的优点。微波在人体组织内产生热量，作用可达5～8 厘米，可穿透衣物和石膏等体表覆盖物，直达病灶部位促进血液循环、水中吸收和新肉芽生长。

知识小链接

医　学

人类医学发展到21 世纪的今天，主要形成了东方医学和西方医学两大分支，二者在形式上的融合又形成了第三种医学——中西医结合医学，而从中西医学比较研究与汇通走向了现代系统医学领域。

医疗史上的高峰——高频电波刀

高频电波刀，又称 Leep 刀，它是 1981 年由法国人首次报道、上世纪 90 年代广泛应用的，它通过圆形电极切除宫颈组织，方形和三角形电极切除宫颈管组织。

高频电波刀的电圈切除术是1981年法国学者首次报道的。现已广泛应用于临床，LEEP手术的另一个提法为“大环状宫颈移行带切除术”。

知识小链接

兆赫

兆赫是波动频率单位之一。波动频率的基本单位是赫兹，采用千进位制。1兆赫相当于1000千赫，也就是10^6赫兹。值得注意的是，兆赫只是一定义上的名词，在量度单位上作100万解。

1. 高频电波刀的原理：高频电波刀是采用高频无线电刀通过LEEP金属丝由电极尖端产生3.8兆赫的超高频（微波）电波，在接触身体组织的瞬间，由组织本身产生阻抗，吸收电波产生高热，使细胞内水分形成蒸气波来完成各种切割、止血等手术目的，但不影响切口边缘组织的病理学检查。高频电波刀与传统电刀的原理是不同的：传统电刀是由电极本身阻抗，因电流通过而产生高热来达到手术目的，输出频率是0.3～1兆赫，而高频电波刀射频转化的热能产生于组织内部，由射频产生正弦波使细胞内水分震荡，产热蒸发，发射术所接触的细胞破裂从而使组织分开，而射频发射极本身不发热。

2. 高频电波刀的优点：

（1）高频电波刀是由多种电极组成的，包括环形、球形、针形、三角形、方形等；

（2）包括射频技术所有的功能：切割、凝血、消融、蒸发、清创、收缩、电灼（包括激光和电刀的所有功能，且没有它们的副作用）；

（3）手术精确，可以达到

广角镜

宫颈

宫颈又称子宫颈，是女性生殖系统中重要组织器官之一，从胚胎和女性胎儿起直至老年，子宫颈涉及女性一生中的妇科、产科、计划生育、妇女保健和生殖健康等疾病防治和保健问题，涉及到妇女本身的健康、家庭幸福、经济和社会问题，也与性和生殖等关系十分密切。

传统电刀达不到的非常精细的手术效果；

（4）微创：无压力切割，组织损伤小（损伤深度小于 20 微米，很少有纤维形成，术后很少发生疤痕）；

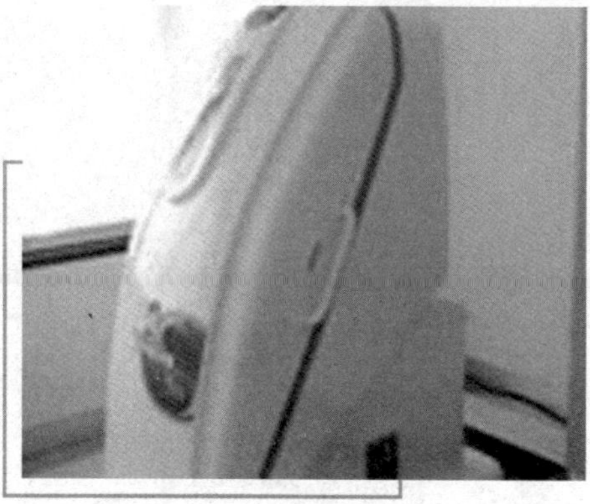

高频电波刀

（5）不发生传统电刀所造成的组织拉扯、碳化的现象，约 2/3 的病人可以得到不影响病理检查的组织标本；

（6）痛苦小，不用麻醉或仅用局部浸润麻醉，并发症少（出血和感染少）；

（7）安全：不需要负极和地线，无触电及烧灼的危险；

（8）对手术室无特殊的要求，可在门诊进行；

（9）据临床观察，高频电波刀的治疗对有生育要求的妇女没有影响；

（10）医生可根据宫颈疾病的个体情况决定施行电环切或电锥切，达到个体化的治疗效果。

“幽灵电波”的危害与预防

任何事物都一样，有利的一面，必然就有弊的一面，电波也不例外。它在给人类带来极大便利的同时，也在慢慢地吞噬着人类的健康。

各国科学家经过长期研究证明：长期接受电波辐射会造成人体免疫力下降、新陈代谢紊乱、记忆力减退、提前衰老等病症，甚至还会导致各类癌症，还会降低人的生殖能力。

随着人们生活水平的日益提高，电视、电脑、微波炉、电热毯、电冰箱等家用电器越来越普及，电波辐射对人体的伤害越来越严重。但由于电波是看不见、摸不着、感觉不到的，且其伤害是缓慢、隐性的，所以更应引起大家的广泛注意。

电磁波污染来源是什么

我国某地居民发现室内电灯不用开关每天都亮着，一拿起电话听筒里面就传出音乐声。后经查实，原来附近广播电台的发射天线离居民住宅太近，发射出的电磁波信号使居民家的电灯、电话感应出电所致，这就是电磁辐射对周围环境造成电磁波污染的事例。

知识小链接

音　响

音响是指除了人的语言、音乐之外的其他声响，包括自然环境的声响、动物的声音、机器工具的音响、人的动作发出的各种声音等。音响大概包括功放、周遍设备（包括压限器、效果器、均衡器、VCD、DVD 等）、扬声器（音箱、喇叭）调音台、麦克风、显示设备等加起来一套。其中，音箱就是声音输出设备、喇叭、低音炮等。一个音箱里包括高、低、中三种扬声器，三种但不一定就三个。

电磁波污染来源

造成电磁波污染的原因是多方面的，随着城市的发展，市区扩大，建筑用地日趋紧张，使原本处于郊区的大功率电磁发射台、电视广播发射台站逐渐被新建居民区包围；卫星通信的发展，使得城市出现众多的卫星地面站，有的地区发射天线过密（北京有的地区超过 20 座）；移动通讯技术迅速发展，其电磁波信号采用直线传播，在市区高层建筑上架设许多起联络作用的基地台站，天线林立，形成相互间的交调干扰，还有部分架设不合理的天线对附近高层住宅居民产生电磁波污染；传输电力的超高压输电线路和城市交通运输系统使电磁污染增加。另外，家用电脑、彩电、音响、微波炉、电磁灶、无线手机、电热毯都会辐射出电磁波，也会造成环境电磁污染。

如果使用不当就对人体造成伤害，其中，电热毯的危害尤其应引起高度警惕。电子产品或设备在空间形成的许多电磁波不仅相互干扰，使它们的功能异常，如显示屏图像不清晰，短波通讯线路严重干扰，话音质量下降，广播电视信号接收质量下降，电视突然不清楚，收音机出现丝丝拉拉杂音等，而且当达到一定强度时，无形中对人产生伤害。

广角镜

电磁波谱

电磁波谱是无线电波，微波，红外线，可见光，紫外线，伦琴射线（X 射线），γ 射线。首先，无线电波用于通信等，微波用于微波炉，红外线用于遥控，热成像仪，红外制导导弹等。可见光是所有生物用来观察事物的基础，紫外线用于医用消毒，验证假钞，测量距离，工程上的探伤等。X 射线用于 CT 照相，γ 射线用于治疗，使原子发生跃迁从而产生新的射线等。

无形的杀手——电磁波辐射

电磁波辐射就是将电场与磁场，二者互相作用，所形成的波动，以辐射方式传送到远方。电磁波对人体所产生的生物反应和频率、波长、功率、距离有关，经由“直接穿透”和“高温”两种作用使细胞产生质变。假如功率和发射的距离相同，电磁波的频率愈小，对组织的穿透力就愈强，因此，高频的行动电话电磁波穿透力虽较低频的医疗用器具波弱，但是也会对人体产生高温的效应。

简单地说即是：电场和磁场交互变化时产生电磁波，电磁波向周围发射或泄漏的现象叫电磁辐射。过量的电磁辐射就造成了电磁污染。一般来说，雷达系统、电视和广播发射系统、射频及微波医疗设备、各种电加工设备、通信发射台站、卫星地球通信站、大型电力发电站、输变电设备、高压及超高压输电线、地铁列车及电气火车以及大多数家用电器等都可产生各种形式、不同频率、不同强度的电磁辐射。可见，电磁辐射是无处不在。科学家称电磁波为“幽灵电波”，不仅仅因为它看不见、闻不到、摸不着，更主要的是它危害范围广而且日趋严重。

为了行动电话的正常操作与接收，行动电话放射出一定程度的辐射波，而这些辐射波在您使用行动电话时非常靠近您的脑细胞。

知识小链接

波　长

波长指沿着波的传播方向，在波的图形中相对平衡位置的位移时刻相同的相邻的两个质点之间的距离。横波与纵波的波长指在横波中波长通常是指相邻两个波峰或波谷之间的距离。在纵波中波长是指相邻两个密部或疏部之间的距离。波长在物理中表示为：λ，读作“拉姆达”，单位是“米”。

电磁波对人体的影响及伤害

电磁波对人体的影响

电磁波辐射能量较低，不会使物质发生游离现象，也不会直接破坏环境物质，但在到处充满电子通讯用品器材的现代生活，其电磁干扰特性却不可掉以轻心，因为它随时可能使人面临危害的境地。

电磁波会散发出一种扰乱人体状态的正离子。经实验研究和调查观察结果表明，电磁辐射对健康的危害是多方面的、复杂的，主要危害表现如下：

1. 对中枢神经系统的危害。神经系统对电磁辐射的作用很敏感，受其低强度反复作用后，中枢神经系统机能发生改变，出现神经衰弱症候群，主要表现有头痛、头晕，无力，记忆力减退，睡眠障碍（失眠，多梦或嗜睡），白天打瞌睡，易激动、多汗、心悸、胸闷、脱发等，尤其是入睡困难、无力、多汗和记忆力减退更为突出。这些均说明大脑是抑制过程占优势。所以受害者除有上述征候群外，还表现有短时间记忆力减退，视觉运动反应时值明显延长；手脑协调动作差，表现对数字计算速度减慢，出现错误较多。

2. 对机体免疫功能的危害。使身体抵抗力下降，动物实验和对人群受辐射作用的研究和调查表明，人体的白血球吞噬细菌的百分率和吞噬的细菌数均下降．此外长期受电磁辐射作用的人，其抗体形成受到明显抑制。

3. 对心血管系统的影响。受电磁辐射作用的人，常发生血液动力学失调，血管通透性和张力降低。由于植物神经调节功能受到影响，人们多以心动过缓症状出现，少数呈现心动过速。受害者出现血压波动，开始升高，后又回复至正常，最后出现血压偏低；心电图出现 RT 波的电压下降，这是迷走神经的过敏反应，也是心肌营养障碍的结果；PQ 间的延长，P 波加宽，说明房室传导不良。此外，长期受电磁辐射作用的人，其心血管系统的疾病，会更早更易促使其发生和发展。

你知道吗

离　子

离子是指原子由于自身或外界的作用而失去或得到一个或几个电子使其达到最外层电子数为 8 个或 2 个的稳定结构。这一过程称为电离。电离过程所需或放出的能量称为电离能。与分子、原子一样，离子也是构成物质的基本粒子。

4. 对血液系统的影响。在电磁辐射的作用下，周围血象可出现白血球不稳定，主要是下降倾向，白血球减少，红血球的生成受到抑制，出现网状红血球减少。对操纵雷达的人健康调查结果表明，多数人出现白血球降低。此外，当无线电波和放射线同时作用人体时，对血液系统的作用较单一因素作用可产生更明显的伤害。

5. 对生殖系统和遗传的影响。长期接触超短波发生器的人，可出现男人性机能下降，阳痿，女人出现月经周期紊乱。由于睾丸的血液循环不良，对电磁辐射非常敏感，精子生成受到抑制而影响生育；使卵细胞出现变性，破坏了排卵过程，而使女性失去生育能力。高强度的电磁辐射可以产生遗传效应，使睾丸染色体出现畸变和有丝分裂异常。妊娠妇女在早期或在妊娠前，接受了短波透热疗法，结果使其后代出现先天性出生缺陷（畸形婴儿）。

6. 对视觉系统的影响。眼组织含有大量的水分，易吸收电磁辐射功率，而且眼的血流量少，故在电磁辐射作用下，眼球的温度易升高。温度升高是造成产生白内障的主要条件，温度上升导致眼晶状体蛋白质凝固，多数学者认为，较低强度的微波长期作用，可以加速晶状体的衰老和混浊，并有可能使有色视野缩小和暗适应时间延长，造成某些视觉障碍。此外，长期低强度电磁辐射的作用，可促使视觉疲劳，眼睛感到不舒适和眼睛感到干燥等现象。

知识小链接

癌细胞

癌细胞是一种变异的细胞，是产生癌症的病源，癌细胞与正常细胞不同，有无限生长、转化和转移三大特点，也因此难以消灭。

7. 电磁辐射的致癌作用。大部分实验动物经微波作用后，可以使癌的发生率上升。一些微波生物学家的实验表明，电磁辐射会促使人体内的（遗传基因）微粒细胞染色体发生突变和有丝分裂异常，而使某些组织出现病理性增生过程，使正常细胞变为癌细胞。美国驻国外一大使馆人员长期受到微波窃听所发射的高度电磁辐射的作用，造成大使馆人员白血球数上升，癌发生率较正常人为高。又如受高功率远程微波雷达影响下的地区，经调查，当地癌患者激增。

除上述的电磁辐射对健康的危害外，它还对内分泌系统、听觉、物质代谢、组织器官的形态改变，均可产生不良影响。

什么是电磁波过敏症

电磁波过敏症是指长期暴露在电磁波环境中所造成神经过敏的症状，其症状包含头痛，眼睛灼热，头晕、呕吐、皮肤疹、身体虚弱、关节肌肉疼痛、耳鸣、麻痹、脸肿胀、疲劳、卜腹收缩痛、心律不整、心脏跳动不规则、呼吸困难等，另外更严重可能会引起中风、沮丧、慌张、精神涣散、平衡感失调、抽筋、记忆力减退、浅睡眠等症状。

基本小知识

过 敏

过敏，有机体对某些药物或外界刺激的感受性不正常地增高的现象，例如药物过敏。过敏简单地说就是对某种物质过敏。当你吃下、摸到或吸入某种物质的时候，身体会产生过度的反应，导致这种反应的物质就是所谓的“过敏原”。在正常的情况下，身体会制造抗体用来保护身体不受疾病的侵害，但过敏者的身体却会将正常无害的物质误认为是有害的东西，产生抗体，这种物质就成为一种“过敏原”。

大部分的人们体内都有致癌的细胞持续地发展，而这些细胞正破坏我们的免疫系统，而有数据不断地显示：只要暴露在电磁波环境中几分钟，就会将原本有的5%致癌因子提升到95%。长期暴露在电磁波环境中，轻者会引起头晕目眩、记忆力减退、耳鸣等现象，重者会破坏免疫系统，增加致癌的概率。

广角镜

白内障

白内障是发生在眼球里面晶状体上的一种疾病，任何晶状体的混浊都可称为白内障，但是当晶状体混浊较轻时，没有明显地影响视力而不被人发现或被忽略，没有列入白内障行列。根据调查，白内障是最常见的致盲和视力残疾的原因，人类约25%患有白内障。

不管电磁波照射人体全部或

部分都会因为热作用的关系使人体全部或部分体温上升，通常人体内的血流会起到扩散排除热能的作用，但眼球部分很难由血流来排除热能，所以容易产生白内障。

电磁辐射对儿童的影响

电磁辐射对儿童的影响

几乎世界上的每一个人都暴露于电磁辐射之中，因而即便其对人类健康影响十分轻微，但由于受影响人群数量庞大，随之而来的公共健康问题亦不容忽视。

随着通讯技术及电力工程的进一步发展，环境电磁辐射强度必将日益增高，正处于生长发育时期的儿童由于开始接受电磁辐射的年龄小，因而与现在的成人相比其累积暴露量将远远高于成人，电磁辐射对儿童的远期健康影响亦将更加显著。

儿童对电磁辐射的敏感性在临床上主要表现在儿童白血病患病率增高，暴露于0.3~0.4微特的工频磁场将比暴露于<0.1微特工频磁场的儿童白血病发病率翻倍。

基本小知识

电力工程

电力工程，即与电能的生产、输送、分配有关的工程，广义上还包括把电作为动力和能源在多种领域中应用的工程。

工频（50/60赫）磁场导致白血病发病率增加的原因可能在于儿童与用水设备或水流接触时有接触电流流过儿童的骨髓，接触电流是指当人接触两个电压不同的平面时在人体流过的电流，接触电流的产生是因为居民送水系统的接地可使水产生一个小的电压差，并与人体构成一个回路。相关计算表明这种压差可在骨髓诱导产生大于100毫伏/米的电场，虽然这种弱电场增加造血组织发生急性淋巴细胞性白血病的原因还未查明，但很可能是影响了白血病细胞的功能。工频磁场是通过干扰松果体夜间褪黑激素分泌量而导致儿童白血病发病率增加，尽管国际非电离辐射防护委员会认为这方面的研究没有可信的证据，但是工频磁场对褪黑激素的某些生理影响是难以被排除的，因而专家建议应当进一步研究工频磁场与儿童白血病的关系。

尽管存在一定的科学不确定性，但世界卫生组织仍建议应当采取预防措施对儿童进行保护。由于组织介电特性的不同，在同等强度的外部电磁场作用下，儿童的某些组织内部产生的感应场强和电流密度比成人高；由于儿童正处于生长发育阶段，尤其是神经系统和免疫系统尚需在婴幼儿阶段逐渐发育，发育组织的电生理活动十分活跃，因而对环境电磁辐射更加敏感。

广角镜

白血病

白血病是一类造血干细胞异常的克隆性恶性疾病。其克隆中的白血病细胞失去进一步分化成熟的能力而停滞在细胞发育的不同阶段。在骨髓和其他造血组织中白血病细胞大量增生积聚并浸润其他器官和组织，同时使正常造血受抑制，临床表现为贫血、出血、感染及各器官浸润症状。

综上所述，儿童对环境电磁辐射比成人敏感，某些低强度环境电磁辐射可能对成人不会产生影响，但是却可能通过干扰儿童活跃的电生理活动而发生不良的健康影响；相对强度较高的电磁辐射则会对儿童导致比成年人更严重的不良反应或产生成人不受影响的有害作用。

值得重视的电磁污染

最近，随着无线电技术在工业、农业和医疗等各个方面应用范围的不断扩大，电磁辐射对人体生理的影响问题，也就理所当然地受到了人们的注意。

观察和实验发现，人体对于不用波长的电磁波，反应是不同的。那些频率比较低的电磁波，几乎能全部透入人体的组织，而频率很高的微波，则能把它的大部分能量在表面变成热。为什么微波会在人体上引起这种“热效应”呢？

原来在微波辐射之下，人体组织内部的分子，受到频率很高的电磁场交替变化的作用，也发生了相应的振动。正是这种振动，在克服黏滞和阻碍的过程中，把电磁能量变成了热。实验还有趣地发现，水分子的高速振动会吸收较多的能量。由于这个缘故，那些水分较多的组织，在微波照射下，会升到较高的温度。

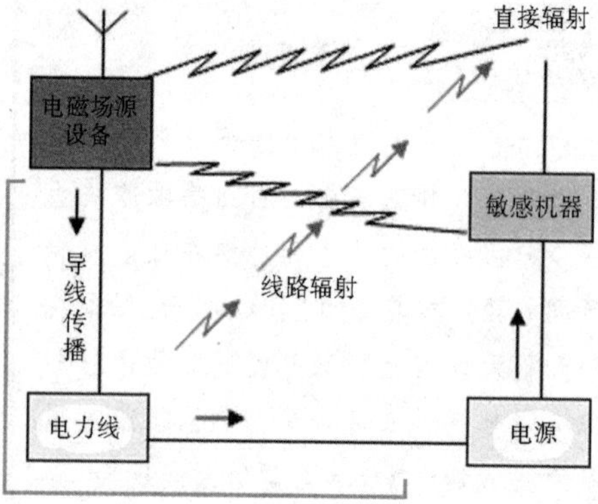

电磁污染传播途径示意图

如果微波辐射的强度不很大，机体温度的升高，有利于加速血液的流动，促使微血管的扩张，加强新陈代谢，改善局部营养，使组织的愈伤、再生能力得到提高。所以小功率的微波辐射，能产生良好的效果，对于止血、解痛、平复痉挛，消退炎症有帮助，可以用来治疗疖、痈、挫伤、肌炎以至神经炎、关节炎、风湿病、麻痹症之类的疾病。

可是对于大剂量的微波辐射却应引起重视，因为那会造成明显的损害。譬如，拿眼组织来说吧，那是一个富有水分的地方，如果用 3 厘米波长的微波，以 280 毫瓦/厘米^2 的功率连续照射 3 分钟，水晶体的温度就会上升到 47℃。倘若时间持续到 5 分钟，那就会引起水晶体的混浊。高强度的微波辐射，还会对血液系统和循环系统造成障碍，使白细胞、红细胞减少，凝血时间缩短，胃肠黏膜充血，胃内温度上升，出现恶心和食欲减退。倘若长时间地、不间断地让大功率微波照射脑部和耳部，会引起条件反射受抑制，并且昏昏思睡。

这种电磁辐射对于人体所产生的有害影响，叫作电磁污染。对于这种污染的看法是一个现在正在争议中的问题。

意大利的《时代》杂志，曾经刊登过一篇文章《每天都在向我们进攻的看不见的敌人：电磁污染》。其中说道："看来，水和空气被化学品和废弃物污染并不是危害人的心理物理平衡的唯一因素，而人为地造成的电磁波以越来越大、越来越不可控制的规模充斥在我们周围的空间。"

文章还提出了"人类这一活动的后果是什么"的问题，并且介绍了米兰医学院路易吉·泽卡博士的看法。他认为电磁辐射破坏了我们生活环境的化学特性和物理特性相平衡时所形成的自然电荷，并且已经观察到在实验造成的高压线环境中，"蜜蜂改变了它们通常的生活习惯"。泽卡还说，"我们轻易地整天穿着合成纤维做的服装和袜子，它们会使我们聚集静电"，并把"赤脚行走一段时间"和"洗海水澡后会感到舒服"的原因，说是"一方面由于赤脚行走的自在"，同时也因为"盐水对释放所有这些电荷是有利的"。

美国《新闻周刊》曾发表了一篇《厉害的电波》的文章，说了这样的话："城市里新建的电视发射台，农村中伸展的输电线，为指挥空中交通而增设的雷达站，革新的消费品，如微波炉灶和民用无线电等，美国生活中应用的电技术正在激增。这些装置，每一样都带来明显的好处，但是也产生一种看不见的而且可能是暗中为害的污染，即电磁辐射。许多专家认为，大气中的这种'电烟雾'的浓集程度，还弱得很，远远不足以对人类造成严重影响。但是，最近有一批大叫大嚷的科学家和主张环境保护的人却指责说，反复的低剂量的射频和微波辐射，可以造成种种障碍……"

"关于接触射频和微波辐射的官方安全标准在 1957 年规定是每平方厘米 10 毫瓦，这是已知的造成损害的最低程度的 1/10。即使是今天，也没有什么人受到接近于那个剂量的辐射。"据环境保护局的调查报告说，98% 以上人口接触的辐射还不到安全标准剂量万分之一。

"然而，提出批评的人认为……苏联和东欧的科学家投告说，很低的辐射剂量可以造成头痛、烦躁，以及记忆力和食欲减退。"

在这篇文章里，还提到了"1976 年关于苏联人用微波射束对准美国驻莫斯科大使馆"的事。这是一件据说是关于利用微波进行侦察活动的事。

◎美国电波实验激起众怒

美国试图人为制造地震、海啸、雪崩等自然灾害，利用高频无线电波对地球近地环境进行大规模试验。此举将严重威胁世界和平，极大影响地球的大气层、离子层和磁层，对人类生存构成潜在的巨大危险。俄罗斯国家杜马国防委员会和国际事务委员会日前起草了一份致普京和国际组织的信，呼吁俄政府和国际社会反对美国用高频无线电波对地球近地环境进行大规模试验，因为美国此举目的是为了制造威力巨大的“地球物理武器”，这不但对世界和平构成威胁，同时还将对地球的大气层、离子层和磁层产生不可估量的影响，人为地破坏近地环境，对整个人类的生存构成潜在的巨大危险。

◎“地球物理武器”威力惊人

“地球物理武器”是运用现代科技手段，人为地制造地震、海啸、暴雨、山洪、雪崩等自然灾害，以实现军事目的的一系列武器的总称。早在公元前200多年前，人类据说就开始利用“地球物理武器”。当时，罗马帝国的舰队包围了叙拉古，阿基米德让市内的所有妇女都带上一面小镜子到码头上。在他的指挥下，妇女们用镜子把阳光反射到距离最近的一艘战船上，战船立即起火。

地球物理武器

在第二次世界大战中，美军和德军也都曾利用“地球物理武器”促使气候发生变化，从而达到己方的军事目的。例如，德国曾用人工造雾的方式掩护其军事目标，以免遭到盟军的轰炸。

随着战后军事科学和气象科学的飞速发展，利用人造自然灾害的“地球物理武器”技术已经得到很大提高，如在一系列断层地带采用核爆炸方式诱发地震、山崩、海啸等灾难，以破坏敌方的军事基地或战略设施；向敌方某一地区播撒化学品，以阻止地球表面热量散发，使该地区变成酷暑难耐的沙漠。

基本小知识

新陈代谢

新陈代谢是生物体内全部有序化学变化的总称，其中的化学变化一般都是在酶的催化作用下进行的。它包括物质代谢和能量代谢两个方面。

物质代谢：是指生物体与外界环境之间物质的交换和生物体内物质的转变过程。

能量代谢：是指生物体与外界环境之间能量的交换和生物体内能量的转变过程。

◎美国试验计划破坏性极大

俄罗斯《议会报》7 月 25 日曾指出，美军对近地环境进行大规模试验，其目的是要制造出威力巨大的“地球物理武器”集成系统。

与以前的“地球物理武器”有限的性能和作用相比，美国现在要研制的“地球物理武器”集成系统威力惊人，破坏性极大。该系统的特点在于，地球大气层、离子层和磁层既是直接作用的对象，又是这个系统的组成部分。它不仅能够干扰无线电通信和无线电定位装置，造成对手的航天器、导弹、飞机以及地面控制系统和电子装置瘫痪，而且将会直接使对方的输电网络、石油和天然气管道等设施遭到巨大破坏。

根据美国研制“地球物理武器”的计划，在 2003 年初，美国将通过在阿拉斯加半岛设立的强大装置实施高频活动极光研究计划。此外，美国还计划于近几年内在格陵兰岛建立新的装置，其功率将比阿拉斯加半岛装置的功率高出两倍。在该装置交付使用后，位于斯堪的纳维亚半岛、阿拉斯加半岛和格陵兰岛的三个装置将组成一个回路，互相作用，大大提高对近地环境的影响力。

为了避免引起国际社会对这一计划的担心和指责，美方解释说，他们正在进行的高频活动极光研究计划是用于科研目的，旨在寻找改善无线电通讯的途径。

◎俄罗斯科学家坚决反对

然而，这一切都瞒不过俄罗斯科学家的眼睛，他们对美国所进行的上述试验和开发新的“地球物理武器”持坚决反对的态度。俄罗斯科学家指出，美国方面企图开发的“地球物理武器”是人类社会“不能要的第三个千年的武器”，必将引起新一轮军备竞赛，并进而破坏国际战略稳定。

更糟糕的是，这一试验将对人类生存的环境造成无可挽回的影响。俄罗斯科学家指出，在对近地环境进行大规模试验的过程中，地球的大气层、离子层和磁层受到高频无线电波有针对性的强大影响，致使近地环境平衡状况遭到破坏、离子层被加热并人为地制造出等离子体。这有可能对地球物理、地质和生物造成全球规模破坏性巨变，其中有些巨变是不可逆转的。

为此，俄罗斯国家杜马发出呼吁，国际社会应当团结起来，坚决反对美国对大气层、离子层和磁层进行大规模试验，因为它们是地球免遭太空因素致命影响的“自然盾牌”。

如何防控电磁波辐射

为控制电磁波对环境的污染，保护人民身体健康，我国卫生部，1989 年 12 月 22 日颁布了《环境电磁波卫生标准》（GB9175－88），规定居住区环境电磁波强度限制值。为防止电磁波对长期居住、工作、生活的一切人群（包括婴儿、孕妇和老弱病残者），均不会受到任何有害影响，对于长、中、短波应小于 10 伏/米，对超短波应小于 5 伏/米，对于微波应小于 10 微伏/米。在电视塔与居民区之间应保持足够的卫生防护距离。针对移动通

防控电磁波污染

信发展状况，我国北京等城市环保部门对移动通信基站天线的架设也作出相应的规定，以防止其对环境造成电磁污染。

知识小链接

维生素 C

维生素 C 又叫抗坏血酸，是一种水溶性维生素。食物中的维生素 C 被人体小肠上段吸收。一旦吸收，就分布到体内所有的水溶性结构中，正常成人体内的维生素 C 代谢活性池中约有 1500mg 维生素 C，最高储存峰值为 3000mg 维生素 C。正常情况下，维生素 C 绝大部分在体内经代谢分解成草酸或与硫酸结合生成抗血酸－2－硫酸由尿排出，另一部分可直接由尿排出体外。

根据电磁波随距离衰减的特性，为减少电磁波对居民的危害，应使发射电磁功率大的、可能产生强电磁波的工作场所和设施，如电视台、广播电台、雷达通讯台站、微波传送站等，尽量设在远离居住区的远郊区县及地势高的地区。必须设置在城市内邻近居住区或居民经常活动场所范围内的工作场所或设施，如变电站等应与居住区间设置安全防护距离，保证其边界符合环境电磁波卫生标准的要求，同时，对电磁波辐射源需选用能屏蔽、反射或吸收电磁波的铜、铝、钢板、金属丝、高分子膜等材料制成的屏蔽物品，建立电磁屏蔽措施，将电磁辐射能量限制在规定的空间之内。高压特别是超高压输电线路应架设在远离住宅、学校、运动场等人群密集区的地带；使用电脑及一些监视和显示设备时，应选用低辐射显

拓展思考

电磁辐射容易超标的地方

1. 电脑 0.6～1.5 米的距离内。
2. 居室中电视机、音响等家电比较集中的地方。
3. 工、科、医的电气设备及视频终端周围。
4. 广播电视发射塔周围。
5. 各种微波塔周围。
6. 雷达周围。
7. 高压变电线路及设备周围。

示器产品，并保持人体与显示屏正面不少于 75 厘米的距离，侧面和背面不少于 90 厘米，最好加装有效屏蔽装置。

应确保设置在市区内各种移动通信发射基站天线高度高于周围附近居民住宅，天线主发射方向避开居民住宅方向，特别是在幼儿园、学校校舍、医院等设施周围一定范围内不得建立发射天线。为防止电磁污染造成的健康危害，应经常对居室通风换气，保持室内空气畅通。使用手机电话时，尽量减少通话时间；手机天线顶端要尽可能偏离头部，尽量把天线拉长；观察到手机信号接通后，再移到耳边；在手机电话上加装耳机，在目前被认为是最安全的选择。

另外，建议每天可服用一定量的维生素 C，或者多吃些富含维生素 C 的蔬菜，如辣椒、柿子椒、香椿、菜花、菠菜、蒜苗、雪里红、甘蓝、小白菜、水萝卜、红萝卜、甘薯等。多食用新鲜水果如柑橘、枣、草莓、山楂等。注意多吃一些富含维生素 A、维生素 C 和蛋白质的食物，如西红柿、瘦肉、动物肝脏、豆芽等。通过这些饮食措施，对加强防御功能是有益的，也可在一定程度上起到积极预防和减轻电磁辐射对人体造成的伤害。

电磁波辐射是近三四十年才被人们认识的一种新的环境污染，现在人们对电磁辐射仍处于认识和研究阶段，人们对它的认识还是很有限的。由于它看不见、摸不着、不易察觉、很陌生，所以，容易引起人们的疑虑。另外，有些关于电磁辐射的报道不太客观，缺乏科学性，以致引起一些不必要的误解和恐慌。

一般地说，判定电磁辐射是否对居住环境造成污染，应从电磁波辐射强度、高度，主要辐射方位与辐射源的距离、持续时间等几方面综合考虑，当达到一定

广角镜

电磁波污染

电磁波污染是指天然和人为的各种电磁波的干扰及有害的电磁辐射。由于广播、电视、微波技术的发展，射频设备功率成倍增加，地面上的电磁辐射大幅度增加，已达到直接威胁人体健康的程度。电场和磁场的交互变化产生电磁波，电磁波向空中发射或汇聚的现象，称为电磁波辐射（或电磁辐射）。过量的电磁波辐射就造成了电磁波污染（或电磁污染）。

程度时才会对人产生直接危害。设置在城市内高层建筑上的通讯基站天线，如果发射功率适当，架设高度、主射方向合理，从目前科学认识水平看，不会对周围环境造成直接影响。所以，加强电磁防护的同时，对电磁波污染也应采取客观分析、科学对待的态度，切不可人云亦云，不负责任地盲目夸大，造成人们认识的混乱。当然，随着科学技术水平的发展，人们对电磁波污染及其危害的认识会逐渐深入，许多谜底终将被人类揭示。

谨防家中的“黑色幽灵”

随着计算机、通讯网络、移动电话、视听设备、空调器、微波炉等大量电子产品的日益普及，给人们的工作和生活带来极大便利。但与此同时，一种新型污染源——电磁辐射也正向人们悄然袭来。

◎电磁辐射的危害有哪些

人们如果经常处于高强度电磁场环境中，会破坏体内生物电的自然生理平衡，使体内生物钟失调，从而降低人体抵抗力，影响身体健康，患所谓“电磁病”。1998 年世界卫生组织最新调查显示，电磁辐射对人体有多方面的影响：

（1）它是心血管疾病、糖尿病、癌症的主要诱因。有研究表明，长期受电磁辐射影响的人，罹患白血病的概率是正常人的 2.1 倍，罹患脑肿瘤的概率是正常人的 1.5 倍，其他疾病发病概率也明显增加。

（2）对人体生殖系统、神经系统和免疫系统造成直接伤害。如可使男性性功能下降，女性内

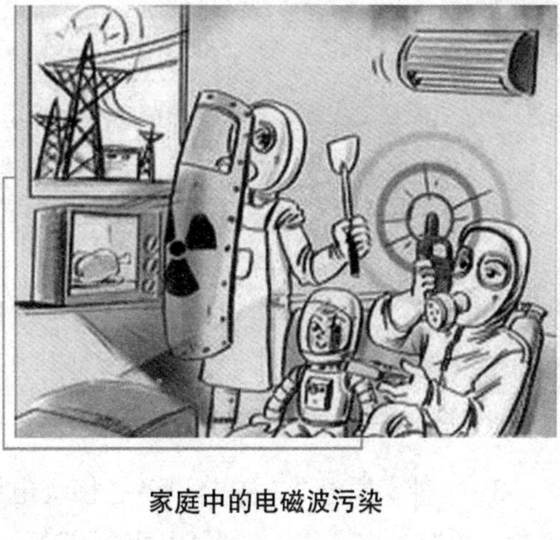

家庭中的电磁波污染

分泌紊乱，引起月经失调、暂时性不育症或永久不育等，还可能会使孕妇发生自然流产和胎儿畸形等；可产生神经衰弱及植物神经功能紊乱症状（如头痛、肢体疼痛、消化不良、胃痛、腹胀、便秘、肠鸣、腹泻）及免疫力下降等。

（3）对人们的视觉系统有不良影响。由于眼睛对电磁辐射敏感，过高的电磁辐射污染会引起视力下降、白内障等。

研究表明，电磁辐射对人体危害程度随波长而异，波长愈短对人体作用愈强，微波对人体影响最为突出。最易受影响的人群主要为老人、孕妇及儿童等免疫力低下者。

◎如何预防电磁辐射

人类本身就生活在一个巨大的电磁场里，专家指出，虽然电磁辐射无处不在，只要进行适当的屏蔽防护，就可以大大降低辐射危害，完全没有必要过分担忧。

1. 多了解有关电磁辐射的常识，加强安全防范意识，采取防范措施。如应严格按电器说明书规范操作，保持安全操作距离等。

2. 不要把家用电器摆放得过于集中或经常一起使用，以免使自己暴露在超剂量辐射的危险之中。特别是电视、电脑、冰箱等电器更不宜集中摆放在卧室里。

基本小知识

糖尿病

糖尿病是由遗传因素、免疫功能紊乱、微生物感染及其毒素、自由基毒素、精神因素等各种致病因子作用于机体导致胰岛功能减退、胰岛素抵抗等而引发的糖、蛋白质、脂肪、水和电解质等一系列代谢紊乱综合征，临床上以高血糖为主要特点，典型病例可出现多尿、多饮、多食、消瘦等表现，即“三多一少”症状，糖尿病（血糖）一旦控制不好会引发并发症，导致肾、眼、足等部位的衰竭病变，且无法治愈。

3. 各种家用电器、办公设备、移动电话等都应尽量避免长时间使用。如电视、电脑等电器需要较长时间使用时，应注意至少每1小时离开一次，采用眺望远方或闭上眼睛的方式，以减少眼睛的疲劳程度和所受辐射影响。

4. 当电器暂停使用时最好不要让它们经常处于待机状态，因为此时仍可产生较微弱的电磁场，长时间也会产生辐射积累。

5. 对各种电器的使用应保持一定的安全距离。如眼睛离电视荧光屏的距离一般应为荧光屏宽度的 5 倍左右；微波炉在开启之后要离开至少 1 米远，孕妇和小孩应尽量远离微波炉；手机在使用时应尽量使头部与手机天线的距离远一些，最好使用分离耳机和话筒接听电话。

6. 如果长期置身于超剂量电磁辐射环境中，应注意采取以下自我保护措施：①电视、电脑等有显示屏的电器设备可安装电磁辐射保护屏，使用者还可配戴防辐射眼镜，以防止屏幕辐射出的电磁波直接作用于人体。②手机接通瞬间释放的电磁辐射最大，为此最好在手机响过一两秒后或电话两次铃声间歇中接听电话。③电视、电脑等电器的屏幕产生的辐射会导致人体皮肤干燥缺水，加速皮肤老化，严重的甚至会导致皮肤癌，所以在使用完上述电器后应及时洗脸。④多食用一些胡萝卜、豆芽、西红柿、油菜、海带、卷心菜、瘦肉、动物肝脏等富含维生素 A、维生素 C 和蛋白质的食物，以利于调节人体电磁场紊乱状态，加强机体抵抗电磁辐射的能力。

让手机离身体远一点

当人们使用手机时，手机会向发射基站传送无线电波，而无线电波或多或少地会被人体吸收，这些电波就是手机辐射。一般来说，手机待机时辐射较小，通话时辐射大一些，而在手机号码已经拨出而尚未接通时，辐射最大，辐射量是待机时的 3 倍左右。这些辐射有可能改变人体组织，对人体健康造成不利影响。

◎ 手机别放枕头边

据中国室内装饰协会室内环境监测工作委员会的赵玉峰教授介绍，手机辐射对人的头部危害较大，它会对人的中枢神经系统造成机能性障碍，引起

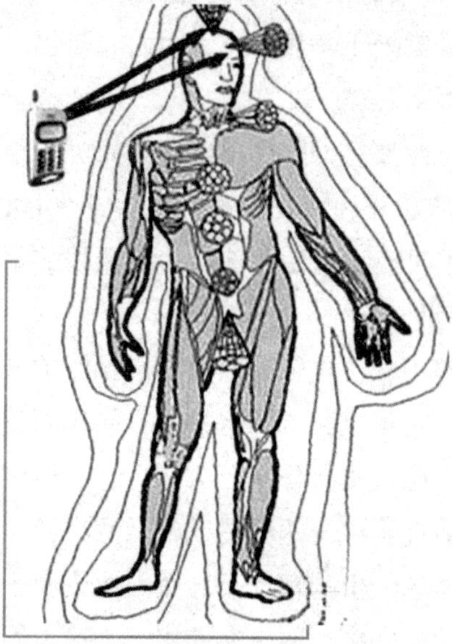

手机辐射示意图

头痛、头昏、失眠、多梦和脱发等症状，有的人面部还会有刺激感。在美国和日本，已有不少怀疑因手机辐射而导致脑瘤的案例。2008 年 7 月，美国马里兰州一名患脑癌的男子认为使用手机使他患上了癌症，于是对手机制造商提起了诉讼。欧洲《防癌》杂志所发表的一篇研究报告也指出，长期使用手机的人患脑瘤的概率比不用的人高出 30%。使用手机超过 10 年的人患脑瘤的概率比不使用手机的人高出 80%。因此，人们在接电话时最好先把手机拿到离身体较远的距离接通，然后再放到耳边通话。此外，尽量不要用手机聊天，睡觉时也注意不要把手机放在枕头边。

知识小链接

卵　子

卵子是女性的生殖细胞，每个月由一侧的卵巢产生一个卵子。卵子必须成熟以后才能从卵巢中排出。卵子在一个充满液体的囊泡中成熟，用水母的形象来形容卵子非常贴切。一名女性一生约排出 400 个卵子，最多也不过 500 个卵子。卵子一般的存活时间为 12—24 小时，也有报道称卵子可以存活 36 小时，这应该是比较“强壮”的卵子。成熟的卵子直径可达 1 毫米，卵子作为人体中最大的一种细胞，承担着人类繁衍生命的作用。

◎莫把手机挂胸前

许多女孩子喜欢把手机挂在胸前，但是研究表明，手机挂在胸前，会对心脏和内分泌系统产生一定影响。即使在辐射较小的待机状态下，手机周围的电磁波辐射也会对人体造成伤害。心脏功能不全、心律不齐的人尤其要注意不能把手机挂在胸前。有专家认为，电磁辐射还会影响内分泌功能，导致女性月经失调。另外，电磁波辐射还会影响正常的细胞代谢，造成体内钾、钙、钠等金属离子紊乱。

手机中一般装有屏蔽设备，可减少辐射对人体的伤害，含铝、铅等重金属的屏蔽设备防护效果较好。但女性为了美观，往往会选择小巧的手机，这种手机的防护功能有可能不够完善，因此，在还没有出现既小巧，防护功能又强的手机之前，女性朋友最好不要把手机挂在胸前。

◎挂在腰部影响生育

据英国《泰晤士报》报道，匈牙利科学家发现，经常携带和使用手机的男性的精子数目可减少多达 30%。有医学专家指出，手机若常挂在人体的腰部或腹部旁，其收发信号时产生的电磁波将辐射到人体内的精子或卵子，这可能会影响使用者的生育机能。英国的实验报告指出，老鼠被手机微波辐射 5 分钟，就会产生 DNA 病变；人类的精子、卵子长时间受到手机微波辐射，也有可能产生 DNA 病变。

专家建议手机使用者尽量让手机远离腰、腹部，不要将手机挂在腰上或放在大衣口袋里。有些男性把手机塞在裤子口袋内，这对精子威胁最大，因为裤子的口袋就在睾丸旁边。当使用者在办公室、家中或车上时，最好把手机摆在一边。外出时可以把手机放在皮包里，这样离身体较远。使用耳机来接听手机也能有效减少手机辐射的影响。

拓展阅读

影像手机

影像手机是手机的一种，也就是主打影像功能的手机。世界上第一只相机手机，是由日本的夏普公司在 2000 年 11 月所制造的 J－SH04。这只相机手机不出所料地使用了影像感光模组（简称 CMOS），原因是 CMOS 能够比当时数位相机所用的 CCD 影像感光模组更为省电。让手机的电池不因为加入了相机的使用而快速用尽。

揭开电脑“辐射”的X档案

电脑辐射的影响

俗话说，金无足赤。电脑，作为一种现代高科技的产物和电器设备，在给人们的生活带来更多便利、高效与欢乐的同时，也存在着一些有害于人类健康的不利因素。电脑对人类健康的隐患，从辐射类型来看，主要包括电脑在工作时产生和发出的电磁辐射（各种电磁射线和电磁波等）、声（噪音）、光（紫外线、红外线辐射以及可见光等）等多种辐射“污染”。

从辐射根源来看，它们包括CRT显示器辐射源、机箱辐射源以及音箱、打印机、复印机等周边设备辐射源。其中CRT（阴极射线管）显示器的成像原理，决定了它在使用过程中难以完全消除有害辐射。因为它在工作时，其内部的高频电子枪、偏转线圈、高压包以及周边电路，会产生诸如电离辐射（低能X射线）、非电离辐射（低频、高频辐射）、静电电场、光辐射（包括紫外线、红外线辐射和可见光等）等多种射线及电磁波。而液晶显示器则是利用液晶的物理特性，其工作原理与CRT显示器完全不同，天生就是无辐射（可忽略不计）、环保的“健康”型显示器。机箱内部的各种部件，包括高频率、功耗大的CPU，带有内部集成大量晶体管的主芯片的各个板卡，带有高速直流伺服电机的光

> **你知道吗**
>
> **电脑辐射量**
>
> 研究机构测试过计算机的电磁场强度，结果发现，紧贴荧光屏处电磁场强度为0.9，但离开荧屏约5厘米处，强度不到0.1，再远一点至30厘米处（这是计算机操作者的身体与荧屏之间的习惯距离），其强度几乎无法测出。

驱、软驱和硬盘，若干个散热风扇以及电源内部的变压器等，工作时则会发出低频电磁波等辐射和噪音干扰。另外，外置音箱、复印机等周边设备辐射源也是一个不容忽视的“源头”。

从危害程度来看，无疑以电磁辐射的危害最大。此外，电磁辐射也对信息安全造成隐患，利用专门的信号接收设备即可将其接收破译，导致信息泄密而造成不必要的损失。过量的电磁辐射还会干扰周围其他电子设备，影响其正常运作而发生电磁兼容性（EMC）问题。

因此，电磁辐射已被世界卫生组织列为继水源、大气、噪声之后的第四大环境污染源，成为危害人类健康的隐形“杀手”，防护电磁辐射已成当务之急。

基本小知识

噪　声

影响人们工作学习休息的声音都称为噪声。对噪声的感受因各人的感觉、习惯等而不同，因此噪声有时是一个主观的感受。一般来说人们将影响人的交谈或思考的环境声音称为噪声。

怎样预防电脑辐射

对于电脑的电磁辐射的危害，目前可采取主动防护和被动防护两种方法。下面介绍的是主动防护法。

1. 面部的衰老最明显的地方就是眼睛，所以说眼睛的呵护尤为重要。避免长时间连续操作电脑，注意中间休息。电脑的摆放位置很重要。尽量别让屏幕的背面朝着有人的地方，因为电脑辐射最强的是背面，其次为左右两侧，屏幕的正面反而辐射最弱。要保持一个最适当的姿势，眼睛与屏幕的距离应在 40 ~ 50 厘米，使双眼平视或轻度向下注视荧光屏。

2. 注意室内通风：科学研究证实，电脑的荧屏能产生一种叫溴化二苯并呋喃的致癌物质。所以，放置电脑的房间最好能安装换气扇，倘若没有，上网时尤其要注意通风。

3. 电脑室内光线要适宜，不可过亮或过暗，避免光线直接照射在荧光屏上而产生干扰光线。工作室要保持通风干爽。

4. 电脑的荧光屏上要使用滤色镜，以减轻眼睛疲劳。最好使用玻璃或高质量的塑料滤光器。

5. 安装防护装置，削弱电磁辐射的强度。

6. 注意保持皮肤清洁。电脑荧光屏表面存在着大量静电，其集聚的灰尘可转射到脸部和手部皮肤裸露处，时间久了，易发生斑疹、色素沉着，严重者甚至会引起皮肤病变等。

7. 注意补充营养。电脑操作者在荧光屏前工作时间过长，视网膜上的视紫红质会被消耗掉，而视紫红质主要由维生素 A 合成。因此，电脑操作者应多吃些胡萝卜、白菜、豆芽、豆腐、红枣、橘子以及牛奶、鸡蛋、动物肝脏、瘦肉等食物，以补充人体内维生素 A 和蛋白质。而多饮些茶，茶叶中的茶多酚等活性物质会有利于吸收与抵抗放射性物质，还有一种是不常喝茶常用电脑的人中有 83% 感到眼睛疲劳，64% 经常感到肩酸腰痛，另外，不少人出现流泪、食欲不振、咽喉痛、咳嗽、胸闷等症状，甚至行动迟缓，记忆力衰退。电脑辐射不仅危害人的健康，而且影响到工作的质量和效率。对于生活紧张而忙碌的人群来说，抵御电脑辐射最简单的办法就是在每天上午喝 2～3 杯的

广角镜

防辐射服

防辐射服是采用金属纤维混合织物制成、具有减少或屏蔽电磁辐射、电波辐射作用的服装，制造工艺较为复杂。民用防辐射服产业于上世纪 90 年代末起源于中国，经历了十几年发展涌现了高童防辐射服等一批优秀品牌，行业的发展也日趋成熟。很多人都认为防辐射服要可以包住手机信号才算有效，而事实并非如此，比如镀金属材质的防辐射服虽然可以包住手机信号，但却有涂层面料不能洗涤、不能接触皮肤、不透气等诸多副作用，目前也已经被大多数企业所淘汰，另外在不同的环境中测试结果也会不同，所以包手机检测法其实并不科学。

一杯菊花茶

绿茶，吃一个橘子。茶叶中含有丰富的维生素 a 原，它被人体吸收后，能迅速转化为维生素 A。维生素 A 不但能合成视紫红质，还能使眼睛在暗光下看东西更清楚，因此，绿茶不但能消除电脑辐射的危害，还能保护和提高视力。如果不习惯喝绿茶，菊花茶同样也能起着抵抗电脑辐射和调节身体功能的作用。

此外，在操作电脑后，脸上会吸附不少电磁辐射的颗粒，要及时用清水洗脸，这样将使所受辐射减轻 70% 以上。

被动防护法，就是除了改善工作环境和注意使用方法外，采取给经常接触和操作电脑的人员配备防辐射服、防辐射屏、防辐射窗帘、防辐射玻璃等措施，以减少或杜绝电磁辐射的伤害。主动防护法，则是从电脑电磁辐射的“源头”——显示器和机箱等部件下手，将其消灭或屏蔽。一是选购市面上实力厂家推出的符合“绿色电脑”标准的产品；二是 DIY，即选购通过各种认证标准的“绿色”电脑配件，打造自己的健康电脑。

基本小知识

视网膜

视网膜居于眼球壁的内层，是一层透明的薄膜。视网膜由色素上皮层和视网膜感觉层组成，两层间在病理情况下可分开，称为视网膜脱离。色素上皮层与脉络膜紧密相连，由色素上皮细胞组成，它们具有支持和营养光感受器细胞、遮光、散热以及再生和修复等作用。